Nathanael Over

DIE WOHNWENDE

NATHANAEL
OVER

DIE
WOHN
WENDE

Wie ein Zuhause für uns alle
bezahlbar, nachhaltig und
gerecht wird.

NATHANAEL OVER

Visionär.
Macher.
WohnraumSchaffer.

»Die Wohnungsnot ist wie ein Riss durch unsere Gesellschaft. Aber wir können ihn schließen – wenn wir bereit sind, neu zu denken und endlich zu handeln.«

Seit über 25 Jahren bewegt sich Nathanael Over in der Bau- und Immobilienbranche – als Bauingenieur, Betriebswirt und Visionär. Doch für ihn geht es um mehr als Gebäude: Es geht um Menschen. Um Würde. Um Zukunft.

Als Gründer und langjähriger Geschäftsführer entwickelte er Wohnlösungen, die nicht nur bezahlbar, sondern auch nachhaltig sind. Serieller Holzbau, Kreislaufwirtschaft, soziale Konzepte – das sind für ihn keine Schlagworte, sondern Wege, wie eine echte WOHNWENDE gelingt.

Schon als Kind liebte er Baustellen. Heute baut er nicht nur Häuser, er träumt und gestaltet an der Zukunft, in der Wohnen für uns alle möglich ist.
Heute treibt er diese Vision mit seiner Beratung »Die Wohnwende« weiter voran.

Sein Purpose: Wohnungsnot gemeinsam meistern!

over@die-wohnwende.de

Inhalt

Eine Einladung

Berlin, im November 2024. Am Alexanderplatz steige ich aus der Bahn. Um diese Jahreszeit ist es am frühen Abend schon dunkel. Der Wind pfeift durch die Straßen und der Schnee fällt in dichten, klammen Flocken, die auf den Gehwegen schmelzen. Ich ziehe meinen Schal enger um den Hals, schiebe meine Hand in die Manteltasche und folge den Anweisungen meines Handys auf dem Weg zum Hotel.

Plötzlich finde ich mich unter einer Eisenbahnbrücke wieder. Hier, unter den Gleisen, existiert eine andere Welt. Vor mir stehen Zelte, improvisierte Wände aus Decken, Planen und Brettern. Es ist bitterkalt, und direkt neben den Schienen schlafen Menschen – ohne Wohnung, ohne Schutz, ohne Hoffnung.

Die Kälte kriecht mir auf einmal noch stärker in die Knochen, trotz meines warmen Mantels. Ein Polizeiwagen steht keine zehn Meter entfernt, doch die Beamten darin scheinen sich nicht zu rühren. Die Welt dreht sich einfach weiter, als sei dies ein normaler Teil des Stadtbilds. Äußerlich unberührt setze ich meinen Weg fort, doch innerlich bin ich aufgewühlt von dem, was ich gerade gesehen habe.

Fünfzig Meter weiter erreiche ich endlich das Hotel. Die Lobby ist hell und warm. Ein freundlicher Mitarbeiter begrüßt mich: »Willkommen! Wir haben Sie upgegradet. Ihr Zimmer im 15. Stock hat einen herrlichen Blick über Berlin.«

Ich stehe an der Fensterfront und schaue über die funkelnden Lichter der Stadt. Berlin liegt mir zu Füßen. Aber es ist nicht der Blick über diese Stadt, der mich beschäftigt. Es ist das Bild unter der Brücke, das mir nicht mehr aus dem Kopf gehen will. Menschen, die keine 50 Meter von hier entfernt in der Kälte hausen, während ich in einem warmen Zimmer stehe. Es ist ein Kontrast, der mich betroffen macht – und nicht loslässt.

Wohnungsnot betrifft uns alle

Wie oft hören Sie in Ihrem eigenen Umfeld Sätze wie: »Ich suche dringend eine Wohnung«? Jeder von uns kennt jemanden, der betroffen ist: die Tochter, die als Studentin verzweifelt ein WG-Zimmer sucht; die junge Familie, die für ihr zweites Kind mehr Platz benötigt; die ältere Dame, die eine barrierefreie Wohnung braucht, um weiterhin selbstständig leben zu können. Auch Menschen, die für einen Job umziehen müssen, stehen oft vor der großen Herausforderung, bezahlbaren Wohnraum zu finden. Die Wohnungsnot ist längst kein Problem einzelner Menschen mehr – sie reicht weit in die Mittelschicht unserer Gesellschaft hinein.

Wohnungsnot ist echte Not – denn ein Zuhause ist weit mehr als nur Wohnen. Es ist der Ort, an den wir nach einem langen Tag zurückkehren, wo wir zur Ruhe kommen und einfach wir selbst sein können. Ein Zuhause ist der Raum, in dem wir Beziehungen und Gemeinschaft pflegen und gleichzeitig unsere Privatsphäre genießen. Es ist der Ort, an dem wir lieben, lachen, vielleicht Weihnachten unter dem Tannenbaum feiern. Unser Zuhause gibt uns Sicherheit, Stabilität und Würde.

Doch was passiert, wenn dieser Ort fehlt? Was, wenn dieses Fundament plötzlich wegbricht? Das Zuhause zu verlieren, raubt uns viel mehr als nur vier Wände. Es bedeutet, dass uns der Rahmen entrissen wird, der unser Leben zusammenhält. Ohne ein Zuhause gerät alles ins Wanken – unsere Sicherheit, unsere sozialen Verbindungen, unser Glaube an die Zukunft. Wohnen ist die Grundlage, die alles andere ermöglicht: physische Sicherheit, soziale Bindungen, Selbstwertgefühl und schließlich die Verwirklichung unserer Träume. Wenn diese Basis fehlt, werden wir auf die unterste Stufe der Existenz zurückgeworfen – und kämpfen nur noch ums Überleben.

Haben Sie sich jemals gefragt, wie es wäre, wenn Ihr Zuhause plötzlich nicht mehr da wäre? Wo würden Sie hingehen? Wen könnten Sie anrufen?

Eine Einladung, neu zu denken und zu handeln

Wohnen ist das Fundament für alles, was wir »Gesellschaft« nennen. Deshalb brauchen wir dringender denn je eine WOHNWENDE. Wir erleben Diskussionen, die Menschen entzweien: über geflüchtete Menschen, politische Entwicklungen, soziale Ungleichheit. Diese Diskussionen vertiefen oft nur die Gräben, statt Brücken zu bauen. Wohnen ohne Not ist deshalb nicht nur eine politische Forderung – es ist eine Bedingung für Frieden in unserer Gesellschaft.

Dieses Buch lädt Sie ein, über das Thema Wohnen neu nachzudenken. Ich zeige Zusammenhänge auf, erzähle Geschichten und biete Visionen an.

Was bedeutet es, ein Zuhause zu haben? Wie können wir die Kluft zwischen Penthouse und Parkbank überwinden? Wie können wir Wohnraum schaffen, der bezahlbar, gerecht und nachhaltig ist? Denn Wohnen ist nicht nur ein soziales Thema. Ebenso wichtig ist auch der ökologische Aspekt. In einer Welt, die von Klimakrisen geprägt ist, müssen wir uns fragen: Wie können wir wohnen, ohne den Planeten weiter zu verheizen?

Ein bekanntes Sprichwort besagt: »Not macht erfinderisch.« Das gilt besonders für die Wohnungsnot. Sie ist eine Chance für dringend notwendige Veränderungen. Es ist Zeit zu handeln, es ist Zeit für eine WOHNWENDE, die nicht nur aus Worten besteht. **Es braucht neue Narrative und mutiges Handeln. Wir müssen aufhören zu labern und anpacken.**

KAPITEL 1

Wohnen ohne Not

Ein eigenes Zuhause – einst ein selbstverständlicher Traum, heute für viele ein unerreichbares Ziel. Dieses Kapitel erzählt die packende Geschichte vom Verlust eines Ideals, das uns allen so viel bedeutet: ein sicherer Ort, an dem wir leben, lieben und träumen können. Es geht um die wachsende Kluft zwischen Wunsch und Wirklichkeit, um Schicksale, die berühren, und um die brennende Frage: Wie können wir den Traum vom Wohnen für alle zurückholen?

Die Bohrmaschine wummert über meinem Kopf, während ich auf der Leiter stehe und Zementfaserplatten an die Decke meines zukünftigen Kinderzimmers montiere. Unter den wachsamen Augen meines Vaters verspachtele ich anschließend die Schrauben, versehe die Übergänge mit einem Netz und trage auch darauf Spachtelmasse auf.

Wir schreiben das Jahr 1989, ich bin 13 Jahre alt und hantiere nicht zum ersten Mal mit einer Bohrmaschine. Dabei ahne ich nicht, dass es in einigen Jahren YouTube-Videos geben wird, in denen solche Heimwerkerprojekte für Laien erklärt werden. Mein »YouTube« sind handwerklich begabte Freunde meiner Eltern. Die ganze Familie packt beim Hausbau mit an. Klar, dass auch meine beiden Brüder und ich helfen. Schließlich bauen wir unser neues Zuhause. Statt Stockbetten im engen Dreierzimmer winkt jedem von uns endlich ein eigenes Reich. Wer bekommt welches Zimmer? Darüber diskutieren wir Kinder lang und breit, noch bevor der Bauplatz abgesteckt ist.

Ein paar Monate später leben wir den deutschen Traum, in einer Einfamilienhaussiedlung mit Garten und Carport: 150 Quadratmeter mit Platz für drei Kinderzimmer, ein Elternschlafzimmer, eine Küche mit Speisekammer, ein großes Ess- und Wohnzimmer, ein Arbeitszimmer, zwei Bäder und eine Waschküche. Für uns damals das Normalste der Welt. Der für mich wichtigste Raum im ganzen Haus ist mein eigenes Zimmer.

Ich erinnere mich noch heute an dieses unvergleichliche Gefühl von Geborgenheit und Freiheit. Einfach die Tür hinter mir zu schließen und die Welt draußen zu lassen – unbezahlbar. Unser Haus wird zum wichtigsten Ort der Welt für mich. Hier findet unser Familienleben statt. Natürlich gibt es auch Zoff und Stress unter uns Kindern und mit unseren Eltern. Aber der ist in der Regel bald wieder vergessen. Wir erleben schöne gemeinsame Stunden, zelebrieren sonntags ein ausgiebiges Frühstück mit dem Goldrandgeschirr von Oma und Bach-Kantaten. Ich komme nach der Schule gerne nach Hause, auch wenn meine Noten nicht so gut sind. Meine Mutter hat immer ein ermutigendes und tröstendes Wort. Ich spüre ganz tief in mir: Egal, was passiert, hier bin ich sicher.

Mein Elternhaus steht in Celle in Niedersachsen, wo wir Kinder auf der Straße Tennis spielen. Der Bolzplatz und ein Schwimmbad sind ganz in der Nähe, keine 100 Meter von uns fließt ein Fluss, dahinter liegen Felder und Wald. Zur Schule fahren wir mit dem Fahrrad, Innenstadt, Karstadt und Stadtbibliothek sind nicht weit entfernt. Es ist der ideale Ort für ein Zuhause, für uns als Familie.

Dieses Ideal war in der Bundesrepublik von den 1970er- bis 1990er-Jahren so weitverbreitet, dass es selbstverständlich schien. Bauland zu bekommen, war damals in den meisten Gegenden kein Problem. Das Einfamilienhaus meiner Eltern kostete selbst inflationsbereinigt ungefähr die Hälfte des Betrages, der heute aufzubringen wäre. Auch wenn die Bauzinsen mit rund acht Prozent hoch lagen, war das damals zu stemmen. Sogar für durchschnittliche Familien, die weder Doppelverdiener waren noch geerbt hatten.

Eine Wahl zu haben, was ihr Zuhause angeht, schien damals für die Mehrheit der bundesdeutschen Familien ganz normal. So entschieden sich die Eltern meines Kumpels Sven für eine Eigentumswohnung in einem Mehrfamilienhaus, weil ein Haus ihr Familienbudget überstieg, aber sie dennoch Eigentum schaffen wollten.

Sicher, in anderen Teilen der Welt sah es ganz anders aus. Doch die waren weit weg. In der Schule sahen wir Filme über Slums in Indien, der Weltspiegel berichtete über Favelas in Südamerika, und in Skid Row, einem Stadtviertel in Los Angeles, hausten schon in den 1930er-Jahren viele Tausend Menschen auf der Straße. Noch heute leben dort in Downtown mehr Obdachlose als in anderen Städten der USA.

Doch in meiner Kinder- und Jugendzeit kannte ich noch niemanden persönlich, der oder die in Wohnungsnot war. Slums in Deutschland? Undenkbar! Das ist heute anders. **Wohnraum ist mittlerweile nicht nur teuer, er ist vor allem rar.** Bis zu 720 000 Wohnungen fehlen in Deutschland 2025.[1]

Machen wir uns auf eine kurze Reise durch unsere Republik für eine Bestandsaufnahme.

Willkommen im Land der Wohnraumsuchenden

Esslingen bei Stuttgart, im Frühjahr 2024: Am Tresen seiner Änderungsschneiderei knipst Bülent einen letzten Faden ab, bevor er mir meine sorgfältig gekürzte Hose reicht. Bülent, der Schneider meines Vertrauens, ist ein gesprächiger Mann um die 50, mit freundlichen, dunklen Augen. Einige Wochen zuvor hatte ich ihm den Kontakt zu einem Wohnungsmakler vermittelt. Denn Bülents fünfköpfige Familie benötigt dringend mehr Platz.

»Wir haben noch immer nichts Passendes gefunden«, sagt er nun kopfschüttelnd und erzählt von frustrierenden Absagen und Vorurteilen. In über 90 Prozent der Fälle habe er auf seine Anfragen gar keine Rückmeldung erhalten.

Bülents Mitarbeiterin gesellt sich zu uns. Sie erzählt mir von ihrem erwachsenen Sohn, der unbedingt in ihre Nähe ziehen will, aber bislang ebenfalls kein Glück auf dem Wohnungsmarkt hat. Dabei wäre es wundervoll, ihre Enkel in der Nähe zu haben. Und praktisch obendrein, denn sie könnte dann stundenweise auf die beiden Kinder aufpassen, da ihr Sohn und seine Frau beide arbeiten.

Ich würde gerne helfen, und es tut mir leid, dass der von mir vermittelte Maklerkontakt Bülent bisher nicht weitergebracht hat. Doch es gibt einfach zu wenig Wohnungen, und wer eine hat, hält daran fest.

Hinter mir hat eine junge Kundin den Laden betreten. Ob ich Makler sei, will sie wissen.

»Das bin ich nicht, aber ich beschäftige mich seit über zwei Jahrzehnten intensiv mit Wohnungen, Bau und Vermietung.«

Daraufhin erzählt sie von ihrem Freund, der noch bei seiner Mutter lebt und mit 30 Jahren endlich zu Hause ausziehen will. Auch hier wieder das gleiche Lied: Er findet einfach keine bezahlbare Wohnung.

Ein Bekannter aus Duisburg schickte mir kürzlich ein Foto von dem Sportplatz, an dem er auf seiner Joggingrunde immer vorbeikommt. Am Zaun hängt ein riesiges Plakat mit der Aufschrift »Lisa und Paul suchen eine Wohnung zum Kauf« plus Adressinfo. Andere sprühen Wohnungsgesuche an Brücken und Mauerwände. Ähnlich den »Ich kaufe dein Auto«-Kärtchen an der Windschutzscheibe verteilen Wohnungssuchende massenhaft gedruckte Flyer oder Postkarten in Briefkästen.

Frühzeitig zu wissen, wann eine Wohnung frei wird, ist inzwischen begehrtes Insiderwissen, für das Provision kassiert wird. Für erfolgreiche Tipps bei der Wohnungssuche werden Belohnungen ausgeschrieben. In Großstädten wie Berlin, München oder Hamburg ist die Not besonders groß. Dort sind manche Interessenten bereit, Extra-Geld zu bezahlen.

Ich las von einem Fall aus Berlin, wo Interessenten bis zu 10 000 Euro auf die Hand boten, um den Zuschlag für die besichtigte Wohnung zu erhalten. Andere sind bereit, eine gesamte Jahresmiete im Voraus zu bezahlen, nur um überhaupt eine Wohnung zu bekommen.

Heute lebt mehr als jeder Zehnte in Deutschland in überbelegten Wohnungen oder Zimmern. **Bei Haushalten mit Kindern leben sogar bis zu einem Drittel hierzulande in räumlicher Enge.**[2] Junge Familien und besonders Alleinerziehende mit Kindern haben es schwer, eine größere Wohnung oder gar ein Haus mit Garten zu finden – gerade in den Städten ist das utopisch geworden.

Der Verlust der Entscheidungsfreiheit

Doch die Frage nach einem Zuhause geht längst nicht mehr nur bestimmte Bevölkerungsgruppen an. Sie betrifft uns alle. Auch wer gerade nicht aus beruflichen, familiären oder gesundheitlichen Gründen umziehen will oder muss, spürt die Folgen der zunehmenden Not bereits in irgendeiner Form. Die Selbstverständlichkeit des Wohnens und die Entscheidungsfreiheit auf dem Wohnungsmarkt sind bis weit in die Mittelschicht hinein verloren gegangen. Dieser Verlust hat direkte Auswirkungen auf die gesellschaftliche Stimmung und das persönliche Lebensgefühl. Was kommt da auf uns als Gesellschaft zu? Und welche Folgen hat die zunehmende Wohnungsnot für einzelne Menschen in Deutschland?

Schauen wir uns ein Beispiel an: Nach einer Ausbildung als Arzthelferin in Sonthofen geht es für Kathrin zum Studium in die Ferne. Aus dem Allgäu zieht die angehende Medizinstudentin bis nach Kiel. Ein wichtiger Grund dafür: Die Chancen auf eine bezahlbare Unterkunft sind dort deutlich größer als zum Beispiel in München.

Wie Kathrin überlegen viele angehende Studierende inzwischen, ob es in der Nähe ihrer Wunschuniversität überhaupt eine bezahlbare Bleibe gibt. Zum Studium auszuziehen, war früher eine Selbstverständlichkeit. Doch in Zeiten der Wohnungsnot ist das alles andere als einfach. »Semesterstart im Kinderzimmer« heißt es für viele Studierende. Doch auch das geht nur, wenn die Eltern in der Nähe der Hochschule wohnen. Die studentischen Wohnheime führen lange Wartelisten, die Studierendenwerke haben tausende Anfragen. Und die Wohnsituation für Studierende wird immer verzweifelter – denn der Wohnraum ist nicht nur knapp, er ist für die meisten auch unbezahlbar.

Die Wohnraumkrise beeinträchtigt nicht nur die Ausbildung, sie wirkt sich auch auf die Teilhabe am Arbeitsmarkt aus. Ein attraktives Jobangebot in Berlin oder München hätten noch vor 20 Jahren viele direkt angenommen. Heute stellen sie sich die Frage: Finde ich dort überhaupt eine Wohnung? Zumal, wenn ich Familie habe? Selbst wenn die Arbeitgeberin bei der Wohnungssuche hilft, bleibt nach Abzug der Warmmiete oft weniger zum Leben als zuvor. Tatsächlich haben Unternehmen in einstmals beliebten Ballungsräumen zunehmend Schwierigkeiten, Fachkräfte zu finden, weil es keinen bezahlbaren Wohnraum für die Mitarbeiter gibt, beispielsweise für das so dringend benötigte Pflegepersonal in Krankenhäusern.

Graue Wohnungsnot: Kein Kredit für Oma

Während Familien in Städten oft auf knappem Raum leben, verfügen Menschen im Alter statistisch über viel Wohnfläche. Viele Ältere denken oft gar nicht daran, ihr Haus oder ihre große Wohnung gegen eine kleinere Immobilie zu tauschen. Bis gesundheitliche Einschränkungen sie dazu zwingen. Doch selbst, wer sich frühzeitig nach einer barrierefreien Bleibe umsieht, stellt ernüchtert fest: Der Markt ist leer.

In seiner Studie »Wohnen im Alter« warnt das Pestel-Institut[3] vor einer rasant zunehmenden »grauen Wohnungsnot«. Da die geburtenstarken Jahrgänge der Babyboomer nach und nach in Rente gehen, werde der Bedarf nach altersgerechtem Wohnraum drastisch steigen. Hinzu komme die Gefahr einer wachsenden Altersarmut. Nach Berechnung des Instituts werden sich zukünftig zwei Drittel der zur Miete lebenden Senioren einschränken oder sogar staatliche Unterstützung beantragen müssen. Denn die Renten halten mit den steigenden Wohnkosten nicht Schritt.

Wer eine neue Wohnung sucht, hat als Rentner eher schlechte Karten. Häufig bevorzugen Vermieterinnen gut verdienende Paare. Eine Bekannte von mir ist Altenpflegerin von Beruf. Als sie mit 65 Jahren in Rente ging, wollte sie zurück in ihre Heimatstadt Bremen ziehen – doch sie wurde trotz vieler Bewerbungen monatelang gar nicht erst zu Besichtigungsterminen eingeladen. Diese Art von Altersdiskriminierung ist kein Einzelfall. Vermieter planen gerne langfristig und fürchten – wie Finanzinstitute und Versicherungen – Ausfälle.

Wenn die Wohnsituation krank macht

Steigende Mieten und fehlende Sicherheit wirken sich Studien zufolge direkt auf die Gesundheit aus: Wohnverhältnisse können krank machen.[4] Wenn nie genug Geld für den Alltag da ist und jede unvorhergesehene Ausgabe einem Albtraum gleichkommt, hat das gerade in einem reichen Land wie Deutschland drastische Folgen. Denn nicht nur Armut macht krank. Großen Einfluss auf die menschliche Gesundheit haben auch die Arbeitssituation und die Frage, wie weit man über das eigene Leben selbst bestimmen[5] kann.

Diese Selbstwirksamkeit fehlt Maja. Die alleinerziehende, berufstätige Mutter lebt mit ihren Söhnen Tim (10) und Tarik (12) in einer Zweizimmerwohnung. Der größte Wunsch ihrer Kinder ist jeweils ein eigenes Zimmer. Doch Maja hat die Suche nach einer geräumigeren Wohnung inzwischen aufgegeben. Ein monatelanger Marathon an Absagen hat sie entkräftet und frustriert. Dabei bräuchte auch sie dringend einen Rückzugsort: »Die Situation belastet mich psychisch. Oft liege ich nachts wach und grüble. Ich habe ein schlechtes Gewissen, weil meine Kinder es heute nicht besser haben als ich früher.«

Noch drastischer ist die Situation oft in Geflüchtetenunterkünften. Seit Jahren beschäftigt mich die Geschichte von Sead, den ich durch meine Arbeit kennengelernt habe, genauer gesagt: durch die Sanierung von Wohnraum für Geflüchtete. Sead ist gelernter Elektriker und hat vor seiner Flucht im Iran mit seinen Mitarbeitern große Projekte installiert. Er ist ein Gewinn für das Bauprojekt, in dem später Geflüchtete und Einheimische zusammenleben werden und so Integration ermöglicht werden soll.

Sead stemmt Schlitze und verlegt Kabel. Er ist jeden Morgen pünktlich auf der Baustelle. Als Bauleiter muss ich ihn zwingen, für eine kurze Mittagspause seine Arbeit zu unterbrechen. Die Ringe unter seinen Augen werden immer dunkler. Dennoch macht er nur widerwillig Feierabend, denn das heißt für ihn: zurück in seine Unterkunft, in das Zimmer, das er mit fünf anderen Männern teilt. Er erzählt mir von seinen Mitbewohnern, die trinken, Wasserpfeife rauchen und oft nächtelang laut reden. Ich spüre, wie ihn diese Wohnsituation stresst und auszehrt.

Die wachsende Not zeigt sich für mich deutlich in der Kluft zwischen Wunsch und Realität. **Ein Zuhause zu haben, war früher selbstverständlich – heute ist es ein Privileg.** Immer mehr Menschen sind meilenweit vom eingangs beschriebenen Idyll eines eigenen (Kinder-)Zimmers entfernt.

Wohnungslos = würdelos

Noch deutlich prekärer ist die Situation der Obdach- und Wohnungslosen. Mit ihnen haben viele in unserer Gesellschaft lieber nichts zu tun.

»Sie werden so behandelt, dass sie als Mensch würdelos sind«, sagt Richard Brox[6] aus Erfahrung. Der gebürtige Mannheimer lebt seit mehr als 30 Jahren auf der Straße und hat als »Sohn Mannheims« darüber gebloggt.

Brox' Schicksal teilt nicht nur Dominik, über den ich in Kapitel 3 noch ausführlich schreiben werde, sondern immer mehr Menschen: **Wohnungslosigkeit zählt zu den schnell wachsenden Problemen in Deutschland.**

Anfang 2024 sind in Deutschland 531 600 Menschen offiziell wohnungslos. Das entspricht fast der Einwohnerzahl von Stuttgart. 439 466 von ihnen leben in Einrichtungen der Wohnungslosenhilfe. Dazu kommen 107 705 Menschen, die keinerlei Unterkunft haben oder bei Freunden wohnen – plus eine hohe Dunkelziffer, die in keiner Statistik auftaucht.[7]

Warum werden Menschen wohnungslos? Mietschulden sind laut Diakonie der häufigste Grund, gepaart mit einer wirtschaftlichen Notlage.[8] Was tut die Bundesregierung gegen die Wohnungslosigkeit? Sie verfehlt regelmäßig ihr Ziel, 100 000 Sozialwohnungen pro Jahr zu bauen. Sozial gebunden sind diese ohnehin nur für einen begrenzten Zeitraum, weshalb jedes Jahr zig Sozialwohnungen auf den »regulären«, preislich aufgeheizten Wohnungsmarkt geworfen werden.

1990 gab es in Deutschland 2,8 Millionen Sozialwohnungen, 2023 ist noch rund 1 Million übrig.[9] So landen zwangsläufig immer mehr Menschen in der Wohnungs- und Obdachlosigkeit. Ihnen bleiben staatliche Hilfsangebote wie Notunterkünfte. Diese tragen die Not zurecht im Namen, denn sie lindern diese kaum. Oft sind die Unterkünfte hoffnungslos überfüllt und bieten keine Privatsphäre. Lebenspartner oder Haustiere sind meist nicht erlaubt, die hygienischen Zustände oft mangelhaft. Viele Wohnungslose ziehen sie erst gar nicht in Betracht – aus Angst vor Beleidigungen, Diebstahl oder Gewalt.[10] Damit gelten sie in der Kommunalpolitik als »freiwillig obdachlos«. Doch ohne eine sichere und dauerhafte Bleibe sind menschliche Grundbedürfnisse schwer zu befriedigen. Hunger, Kälte, Gewalt, mangelnde Hygiene und vor allem das Fehlen einer Perspektive wirken sich auf die psychische und physische Gesundheit aus. Ein Leben in Würde sieht tatsächlich anders aus.

Ghetto versus soziale Brennpunkte

1969 nahm Elvis Presley seinen Hit »In the Ghetto« auf. In Deutschland schaffte es dieses Lied bis an die Spitze der Hitparade. Es thematisiert die Ausweglosigkeit des Lebens im Ghetto am Beispiel eines Jungen, der in ein Armenviertel hineingeboren wird, auf die schiefe Bahn gerät und als Jugendlicher erschossen wird. Dieser Song berührte die Deutschen – auch wenn Ghettos in ihrer Lebensrealität nicht vorkamen.

Die großen Slums dieser Welt mit ihren Wellblechhütten als Symbole für extreme Wohnungsnot, massive soziale Probleme und Kriminalität schienen in Deutschland bislang unvorstellbar. Angesichts einer wachsenden Zahl überbelegter Wohnungen und Geflüchtetenunterkünfte rücken sie jedoch bedrohlich näher. Wenn ich mit offenen Augen und Ohren durch bestimmte Gegenden gehe, frage ich mich, wie es hier so weit kommen konnte. Ich denke dabei an Stadtviertel wie die Dortmunder Nordstadt, Märkisches Viertel und Marzahn-Hellersdorf in Berlin, Duisburg-Marxloh oder Bremen-Huchting. Hoffnungslosigkeit hängt in der Luft, Müllberge liegen am Straßenrand.

Ja, Deutschland hat bis heute keine Slums. Doch eine wachsende soziale Spaltung ist deutlich spürbar. Was hat die Wohnungsnot damit zu tun? In vielen Stadtvierteln sind die Mieten für eine wachsende Bevölkerungsgruppe kaum noch bezahlbar. Das Gespenst der Gentrifizierung hat sich in schicken Altbauten, Einfamilienhäusern und modernen Wohnkomplexen eingenistet. Gentrifizierung bezeichnet die Aufwertung von Stadtteilen, die saniert, um- oder neugebaut worden sind. Das macht diese Viertel verständlicherweise attraktiv, die Mieten steigen und wohlhabende Menschen ziehen zu. Die bislang ansässige Bevölkerung kann sich die hohen Wohnkosten nicht mehr leisten und wird in Außenbezirke verdrängt.

In vielen deutschen Städten trennt ein Fluss, ein Bahnhof oder eine Straße die Stadtviertel in Arm und Reich. In Köln teilt der Rhein die Stadt: Wer linksrheinisch wohnt, ist mit großer Wahrscheinlichkeit wohlhabender als jemand, der rechtsrheinisch wohnt. Das hat historische Gründe, denn die Gemeinden rechts vom Rhein kamen erst 1888 zum Stadtgebiet hinzu. Dort gab es Platz und so ließen sich Großindustrie und Arbeiterfamilien[11] hier nieder.

»Solange die Gutverdiener nur unter sich bleiben, sehen sie die Probleme, die soziale Ungleichheit schafft, gar nicht«, sagt Marcel Helbig.[12] Der Sozialwissenschaftler erforscht die sogenannte soziale Segregation in deutschen Großstädten. Segregation ist Fachjargon für die räumliche Verteilung sozialer Ungleichheit in einer Gesellschaft. Leben Arme und Reiche in getrennten Vierteln, hat das aus Sicht der Sozialwissenschaft weitreichende Folgen. Demnach leiden vor allem die Menschen in ärmeren Stadtteilen unter den Folgen der räumlichen Trennung. Ihnen bleiben weniger Kultur- und Freizeitangebote, weniger Bildungs- und damit Lebenschancen. Wohlstand mache oft blind für soziale Probleme. Deshalb setzen sich laut Helbig nur wenige für eine Veränderung der Situation ein. Wie lange können wir noch wegschauen und so tun, als gingen uns diese Probleme nichts an?

Ein Kompass zu einem Zuhause für uns alle

Direkt oder indirekt spüren wir in Deutschland längst, wie die Wohnungsnot die gesellschaftliche Stimmung und das persönliche Lebensgefühl trübt. Mit der Selbstverständlichkeit des Wohnens geht die Sicherheit verloren. Angst greift um sich. Viele fühlen sich nicht mehr wohl in ihrem Viertel. Sie gehen nach Einbruch der Dunkelheit nicht mehr aus dem Haus und meiden auch bei Tag bestimmte Gegenden.

Einfache Lösungen klingen da verführerisch, entzaubern sich jedoch bei näherem Hinsehen von selbst. Ich denke da an Parolen wie »Ausländer raus« und die Flucht zu rechten Parteien. Es ist eine Form des Protests, aber keine Lösung für die Wohnungsnot, ihre Gründe und Folgen. Alte Ideen und Denkmuster greifen nicht mehr. Insgeheim spüren wir längst, dass uns ein »Weitermachen wie bisher« nicht mehr weiterbringt. Es geht um viel: Unser aller Zuhause ist in Gefahr. **Wenn wir diese Krise nicht meistern, steht die Wohnungsnot bald erlebbar für uns alle vor unseren Türen.** Wenn die Sicherheit des Wohnraums im großen Stil verloren geht, führt das zu einschneidenden gesellschaftlichen Veränderungen für uns alle.

James Stockdale war ein hochdekorierter Offizier der US-amerikanischen Navy. Bekannt ist er heute noch für das nach ihm benannte Stockdale-Paradoxon, das einen machbaren Weg zwischen Optimismus und Pessimismus beschreibt.

> »Über den Glauben an ein gutes Ende – an dem du
> immer festhalten musst – darfst du nicht vergessen,
> dich mit den brutalen Tatsachen der momentanen
> Situation auseinanderzusetzen, so schlimm diese
> auch sein mögen.« (James Stockdale)

Genau das ist mein Anliegen mit diesem Buch. Es geht erstens um die Auseinandersetzung mit der Wohnungsnot von allen, oftmals unbekannten Seiten. Zweitens möchte ich neue Lösungswege hin zu einem Wohnen ohne Not aufzeigen.

Wir machen uns auf die Reise, auf die Suche nach einem Zuhause für uns alle. Sie wird uns durch Höhen und Tiefen, zu Hoffnungsschimmern und Aha-Erlebnissen führen – und zu Erkenntnissen, die unsere bisherige Sichtweise erschüttern mögen. Es ist keine bequeme Pauschalreise, sondern eine abenteuerliche Exkursion durch unwegsames Gelände.

Das Ziel dieser Reise sind Antworten auf die Frage: **Was muss geschehen, damit ein Zuhause wieder selbstverständlich wird? Ein Zuhause, das wie ein Kompass vier Seiten vereint – bezahlbar, ökologisch, gemeinschaftlich und schön.**

Ich bin überzeugt: Gemeinsam können wir eine WOHNWENDE gestalten, um die Wohnungsnot zu überwinden und den Traum vom Wohnen neu zu realisieren. Im Glauben an ein gutes Ende lade ich Sie zum gemeinsamen Weiterdenken ein. Begleiten Sie mich?

KAPITEL 2

Wie die eigenen vier Wände unbezahlbar wurden

Bevor wir Lösungen entwickeln können, müssen wir uns genau anschauen, wie es so weit kommen konnte. Was sind die Ursachen der Herausforderungen, vor denen wir heute stehen? Weshalb können sich Menschen in Deutschland heute das Wohnen nicht mehr leisten?

Auf einen einzigen Studierendenwohnheimplatz in Hamburg[13] bewerben sich mehr als 2600 Studierende. Der Single und Gutverdiener Markus bezahlt in München-Schwabing 2500 Euro im Monat für eine Zweizimmer-Wohnung. Er sucht gerade vergeblich nach einer größeren, ebenso schönen und gut gelegenen Wohnung, da er sich noch ein Gästezimmer wünscht.

Die Schmidts hingegen leben im Großraum Köln zu viert auf 100 Quadratmetern. Die Familie hat ein Nettoeinkommen von 2400 Euro im Monat. Sie haben nach einem Eigentümerwechsel eine Mieterhöhung bekommen und sollen nun inklusive Nebenkosten 1400 Euro monatlich bezahlen. Für sie ist damit ein Punkt erreicht, an dem sie sagen: Das geht nicht mehr.

Seit einigen Jahren erleben wir, wie immer mehr Menschen aus der Mittelschicht, die »Normalverdiener«, an einen solchen Punkt kommen. Sie haben das Gefühl, sich ihr gewohntes Leben nicht mehr leisten zu können. Vor allem in den großen Ballungszentren unseres Landes fehlt es deutlich an Wohnraum, der bezahlbar und in einem angemessen guten Zustand ist. Selbst Gutverdiener wie Markus haben Schwierigkeiten, den Wohnraum zu finden, den sie sich wünschen.

Ein bitterernstes Spiel

Wieso ist der Wohnungsmarkt in Deutschland so festgefahren – trotz Mietpreisbremse und zusätzlicher Investitionen? Beim Versuch, die Situation einzuschätzen, helfen populistische Schuldzuweisungen nicht weiter. Schauen wir uns lieber all die Faktoren an, die diesen Markt bedrängen.

Zunächst einmal funktioniert der Wohnungsmarkt wie jeder Markt nach dem Gesetz von Angebot und Nachfrage. Wenn die Rolling Stones in Deutschland ein exklusives Konzert mit nur 200 Karten geben, sind ihre Fans sicher bereit, 1200 Euro für eine Karte zu bezahlen, um ihre Idole einmal ganz aus der Nähe zu erleben. Wenn in Deutschland jedoch hunderttausende Wohnungen fehlen, ist die Lebensgrundlage mehrerer Millionen Menschen in Gefahr. Denn Wohnen ist kein Freizeitvergnügen. Es ist ein Menschenrecht[14] – und gleichzeitig die Voraussetzung für Arbeit, Gesundheit und gesellschaftliche Teilhabe. Liegt nun die Nachfrage ein Vielfaches über dem Angebot an Wohnraum, wird dieses existenzielle Recht ausgehebelt. Eine Situation, wie wir sie in Deutschland nicht erst seit gestern erleben.

Ein wenig erinnert der Mietmarkt an das Kinderspiel »Die Reise nach Jerusalem«: Wer ein Plätzchen ergattert hat, mag es nicht mehr hergeben. Der Markt ist so dicht, es gibt kaum Bewegung. Nur wer wirklich umziehen muss, lässt sich auf das Spiel ein, aus dem längst der Spaß gewichen ist.

Die kletternde Quote

In Deutschland ist der Anteil der Menschen, die zur Miete wohnen, besonders hoch: Wir sind seit langem das Mieterland Nummer 1 in der Europäischen Union. Zwischen Sylt und Oberstdorf lebt etwas mehr als die Hälfte der Bevölkerung zur Miete. In Rumänien[15] dagegen nur knapp fünf Prozent – der niedrigste Wert in der EU.

Der Blick über die Grenzen hinaus zeigt also, dass eine hohe Mietquote noch kein Indiz[16] für den durchschnittlichen Wohlstand eines

Landes ist. Denn das Bruttoinlandsprodukt (BIP) von Deutschland ist fast dreimal[17] so groß wie das BIP Rumäniens. **Das Problem in Deutschland ist also nicht der hohe Mieteranteil, sondern die mangelnde Bezahlbarkeit an Wohnraum.** Doch was heißt eigentlich »bezahlbar«?

Ein aussagekräftiger Indikator für Bezahlbarkeit von Wohnraum ist zunächst die Mietbelastungsquote[18]. Sie misst den Anteil der Bruttokaltmiete (das ist die Nettokaltmiete zuzüglich verbrauchsunabhängiger Betriebskosten) am monatlichen Nettoeinkommen. Als Richtwert gilt in vielen Ländern eine 30-Prozent-Regel. Das heißt, eine bezahlbare Miete soll nicht mehr als 30 Prozent des Nettoeinkommens eines Haushalts ausmachen.

In vielen großen deutschen Städten liegt die Kaltmiete jedoch längst über einem Drittel des durchschnittlichen Nettoeinkommens[19], teilweise sogar über 50 Prozent bei Menschen mit niedrigen Einkommen. Ausnahme: Natürlich käme niemand auf die Idee, bei einem Haushaltseinkommen von über 10 000 Euro und einer 50-Prozent-Wohnkostenbelastung von fehlender Bezahlbarkeit zu sprechen. Es braucht zur Differenzierung deshalb noch folgende Frage: Ist der verbleibende Restbetrag nach Abzug der Warmmiete ausreichend für ein Leben über dem Existenzminimum? Falls nein, kann man von einer Gefährdung der Bezahlbarkeit sprechen. Im nächsten Schritt gilt es ehrlicherweise zu klären: Liegt es an der Miethöhe, am individuellen Heizverhalten, an der (eventuell viel zu großen) Wohnfläche?

Vor allem in den Metropolen sind die Mietpreise drastisch gestiegen. Seit 2005 haben sie sich vielerorts verdoppelt[20] – im statistischen Durchschnitt von 7,50 Euro auf mehr als dreizehn Euro.

Der Wohnfrust wächst

Berlin steht nicht nur als Hauptstadt im medialen Fokus – die Stadt fällt auch aufgrund ihrer Geschichte aus dem Rahmen. Investitionsanreize nach der Wende führten zunächst zu einem Überangebot an Wohnraum. Viele Jahre konnte man in Berlin stilvolle Altbauwohnungen zu einem Bruchteil dessen mieten, was damals bereits in Köln oder gar München verlangt wurde. Doch dann wendete sich das Blatt.

Vor allem die überproportional hohe Zuwanderung macht Berlin zu schaffen: 2022 verzeichnete das Einwohnermelderegister einen Anstieg um 598 Prozent; der Großteil der Menschen kam aus der Ukraine.[21]

Insgesamt hinken heute die Löhne und Gehälter hinter den steigenden Mieten her. Die bundesweit größte Lücke zwischen Nettoeinkommen und Mietzins – sie klafft in Berlin.[22] Trotz Mietpreisbremse.

Auch wenn die Ballungsräume besonders betroffen sind: Gestiegene Mieten sind kein lokales Phänomen. Bei einer deutschlandweiten YouGov-Befragung[23] gaben 40,5 Prozent der Befragten an, dass sie sich ihre

Wohnkosten »gerade so« noch leisten könnten. Das liegt nicht nur an den Mietpreisen. Für viele wiegen die gestiegenen Neben- und auch Lebenshaltungskosten noch schwerer. Besonders betroffen sind Menschen im unteren Einkommensfünftel, die längst 40 Prozent ihres Haushaltsbudgets für das Wohnen aufwenden müssen. Für sie geht es nicht darum, sich in ihrem Konsumverhalten ein wenig einzuschränken und womöglich nur noch einmal die Woche essen zu gehen. Ihnen stellen sich ganz andere Fragen: Woher sollen wir das Geld für Miete, Nebenkosten, Lebensmittel und notwendige Anschaffungen nehmen? Eine aktuelle Analyse des Paritätischen Gesamtverbandes belegt, dass immer mehr Menschen unter die Armutsgrenze fallen, wenn die Wohnkosten vollständig in die Berechnung einbezogen werden.[24] Kein Wunder, dass der Wohnfrust in der Gesellschaft wächst.

Als die Deutschen beinahe ausgestorben wären

Wie kann es sein, dass wir uns heute in Deutschland die Augen reiben, weil plötzlich Hunderttausende von Wohnungen fehlen? Offensichtlich lebten wir viel zu lange in einer privilegierten Welt, in der Politik und Gesellschaft aufkommende Probleme ausblendeten. In einer Welt, deren Vorzeichen sich scheinbar gedreht haben, ohne dass wir es mitbekommen hätten.

Als ich in den 1990ern in Darmstadt Bauingenieurwesen studiere, ist aus dem Wohnungsbau die Luft raus. Eine Privatisierungswelle schwappt übers Land, in deren Folge öffentlicher Wohnraum in privaten Händen landet. Das beeinträchtigt die soziale Wohnungspolitik und die Verfügbarkeit von bezahlbarem Wohnraum nachhaltig. Ein bekanntes Beispiel ist die Treuhandanstalt, die nach der Wende mit dem Auftrag gegründet wird, volkseigene Betriebe in den neuen Bundesländern zu privatisieren. Dazu zählen auch zahllose Wohnungen und Immobilien, die zuvor im Besitz des Staates waren.

»Die Deutschen sterben aus«[25], heißt es zu der Zeit in den Schlagzeilen. Angesichts von geringen Geburtenraten wird der Ruf nach altersgerechtem Wohnraum lauter. Der Rückbau von Wohnraum ist en vogue, vor allem in sogenannten »strukturschwachen« Regionen. Kein Wunder: Viele Experten gehen damals davon aus, dass die Bevölkerungszahl in den kommenden Jahrzehnten schrumpfen würde.

Doch die demografischen Vorzeichen in Deutschland haben sich in den vergangenen 20 Jahren gedreht: Anstatt wie angekündigt zu schrumpfen, wächst die Bevölkerung.

In der Folge mauserte sich Wohnraum nicht nur in den Ballungsräumen zum begehrten Luxusgut. Der Wohnungsbau, der mir im Studium noch als verstaubt und langweilig erschien, ist inzwischen eine brisante Herausforderung. Längst dreht sich meine Arbeit um Wohnraumkonzepte, die wirtschaftlich für die Erbauenden sind, das Grundstück bestmöglich ausnützen und in den eingeschränkten Budgetrahmen der späteren Mieter oder Eigentümerinnen passen. Wie das gelingen kann, darum wird es in diesem Buch noch genauer gehen.

Migration und Binnenwanderung

Während 2004 noch über den Umgang mit aussterbenden Industrienationen nachgedacht wurde, hat der demografische Wandel inzwischen eine Kehrtwendung hingelegt. Die Bevölkerung in Deutschland wächst – und damit der Bedarf an Wohnraum. Das Bevölkerungsplus rührt zu einem kleinen Teil von steigenden Geburtenraten her, zu einem großen Teil von Zuwanderung und Flucht.

Wenn ich zwei Marker dafür nennen soll, kommt mir als Erstes die große Migrationskrise von 2015 in den Sinn, als Deutschland Hunderttausende von Asylsuchenden aus Kriegsgebieten wie Syrien, Afghanistan und dem Irak aufnahm. Als Zweites denke ich an den Ukrainekrieg, der eine weitere Belastungsprobe für die ohnehin angespannte Wohnsituation darstellt. Zwischen 2022 und 2023 suchten mehr als eine Million Menschen aus der Ukraine Schutz in Deutschland.[26] Viele Städte und Gemeinden, die bereits mit einem Mangel an bezahlbarem Wohnraum kämpften, müssen nun zusätzlich angemessene Unterkünfte für die neu ankommenden Geflüchteten finden. In vielen Gesprächen mit Bürgermeistern und kommunalen Vertretern höre ich immer wieder, dass die Verteilung und Unterbringung von Geflüchteten die Gemeinden und Städte vor schier unlösbare Probleme stelle. Wenn schon die eigene Bevölkerung kaum geeigneten Wohnraum findet, dann entstehen Neid und Hass.

Neben der Migrationswelle erlebt Deutschland seit Jahren eine konstante Zuwanderung im Rahmen der EU-Freizügigkeit. Sprich: Menschen aus anderen EU-Ländern wandern ein, um hierzulande zu arbeiten oder eine Ausbildung zu absolvieren. Darüber hinaus fördert die »Blaue Karte EU« die Zuwanderung hoch qualifizierter Arbeitskräfte außerhalb der EU. Fachkräfte, die wir dringend benötigen, denn die geburtenstarken Jahrgänge der Babyboomer gehen in Rente. Hier ist Zuwanderung also wünschenswert. Doch irgendwo müssen all diese Menschen wohnen. Und sie verteilen sich nicht gleichmäßig übers Land oder ziehen in Landkreise mit Wohnungsleerstand. Nein, sie ballen sich natürlich in wirtschaftlich starken Regionen.

Binnenwanderung ist ein weiterer Grund für die Wohnungsnot. Die gute Jobsituation in Ballungsräumen zieht nicht nur Neuankömmlinge an. Sie sorgt auch für eine Bevölkerungsverschiebung innerhalb der Bundesrepublik. Vor diesem Hintergrund erklärt sich die weiter oben angeführte Studie, nach der Deutschland statistisch gesehen ausreichend Wohnungen für seine Bevölkerung haben müsste. Wie das Wort »Immobilien« schon sagt, sind Wohnungen nicht mobil. Sie lassen sich nicht aus von Wohnungsleerstand betroffenen Landkreisen nach München oder Berlin verfrachten. Sprich: Viele Wohnungen sind nicht dort, wo sie gebraucht werden.

»Durch eine gemeinsame Anstrengung wird es uns gelingen, Mecklenburg-Vorpommern und Sachsen-Anhalt, Brandenburg, Sachsen und Thüringen schon bald wieder in blühende Landschaften zu verwandeln, in denen es sich zu leben und zu arbeiten lohnt«, versprach 1990 der damalige Bundeskanzler Helmut Kohl.[27] Doch sein Optimismus erwies sich bald als Illusion. Die deutsche Einheit bremste die Abwanderung von Ostdeutschen Richtung Westen keineswegs, das Gegenteil war der Fall: Rund ein Viertel der ursprünglichen Bevölkerung der neuen Bundesländer zog zwischen 1991 und 2017[28] in die alten Bundesländer. Sicher gab es auch Zuzüge aus dem Westen. Doch die konnten den Niedergang vieler Orte und Landkreise im Osten nicht aufhalten. Wer nach Berlin, Leipzig oder Dresden kommt, erlebt heute boomende Städte. Doch bei einem Besuch in Jena im vergangenen Jahr wunderte ich mich, als an einem Werktag morgens um acht Uhr außer mir niemand in Richtung Autobahnzubringer unterwegs war.

Viel Platz für Wenige

Fest steht: Hierzulande wird zu wenig gebaut oder bestehende Immobilien stehen am falschen Ort. Uns fehlen vor allem leistbarer Wohnraum und Sozialwohnungen. Dabei steigt die Anzahl der Wohnungen stärker an als die der Einwohner. Ende 2022 gibt es 43,34 Millionen Wohnungen in Deutschland, 2,74 Millionen mehr als 2011, was rein rechnerisch Platz für ein deutlich größeres Bevölkerungswachstum schaffen würde. Tatsächlich ist die Einwohnerzahl im selben Zeitraum weniger stark gestiegen.

Ein Grund für den Mangel an Wohnraum in Deutschland ist die steigende Wohnfläche pro Person. Dies ist typisch für eine vermögende und auch alternde Bevölkerung. Ich kenne eine junge Familie, die ein Haus aus den 1960er-Jahren gekauft hat. Die Zimmer schienen ihnen für heutige Verhältnisse viel zu klein, sodass sie als Erstes mehrere Wände einrissen, um zeitgemäße Raumgrößen zu schaffen. Das ist symptomatisch für unsere Gesellschaft, in der Wohnzeitschriften und Möbelhaus-Prospekte früh das Ideal großzügiger Wohnlandschaften geprägt haben. Die Maxime: Gemietet oder gekauft wird so viel Wohnraum wie finanziell möglich.

Innerhalb von nur 30 Jahren nahm die beanspruchte Wohnfläche pro Person um 37 Prozent zu: 1991 lag die durchschnittliche Quadratmeterzahl pro Person bei rund 35 Quadratmetern, Ende 2021 waren es bereits knapp 48. Hinter dieser Zahl verbergen sich zwei große Tendenzen: Immer mehr Menschen wohnen allein. Single-Haushalte machen inzwischen 41 Prozent[29] aller deutschen Haushalte aus.

Kürzlich besichtigte ich ein Mehrfamilienhaus, das zum Verkauf stand. Verteilt auf zwei Wohnungen lebt darin ein Pärchen – sie im Souterrain, er unter dem Dach, auf insgesamt 151 qm Wohnfläche.

Auf mein Stirnrunzeln hin hieß es: »Wir brauchen einfach unsere Rückzugsorte.«

Mir kam der Film »Der letzte Tanz« über das Leben von Schlagersänger Rex Gildo in den Sinn. Gildo wohnte mit seinem Manager und einer Haushälterin ebenfalls in einem Mehrparteienhaus, denn niemand sollte merken, dass die beiden Männer ein Liebespaar waren. Heute habe ich den Eindruck, eine wachsende Zahl an Paaren – egal welchen Geschlechts – lebt lieber räumlich getrennt als gemeinsam.

Tendenz Nummer zwei: Die Wohnfläche pro Person steigt mit zunehmendem Alter. Das liegt jedoch nicht daran, dass ältere Menschen mehr Platz bräuchten. Sondern daran, dass sie oft allein in einem Einfamilienhaus oder einer Vierzimmerwohnung wohnen bleiben, auch nachdem die Kinder längst ausgezogen sind und der Partner verstorben ist.

Dieser sogenannte Remanenzeffekt wird oft damit begründet, dass man einen alten Baum nun mal nicht verpflanzt. Diese Redensart bringt es auch für meine Eltern auf den Punkt. Die Bereitschaft, sich zu verändern, geht im Alter zurück. Und wo sollten sie auch hin? In der Regel fehlt es vor Ort an attraktiven Alternativen, an barrierefreien und zugleich bezahlbaren Wohnungen oder Alters-Wohngemeinschaften.

Andere finden den Absprung früher, wie Bekannte meiner Frau: Als die Kinder aus dem Haus waren, verkauften sie ihr Haus am Waldrand und zogen in eine Penthouse-Wohnung in der Stadtmitte.

Wenn ich in Celle bei meinen Eltern zu Besuch bin, bringe ich das Thema immer wieder aufs Tapet: Warum wohnt ihr zu zweit nach wie vor auf 150 Quadratmetern?

Ich zog schon 1997 zum Studium nach Darmstadt, wenige Jahre später verließen auch meine Brüder unser Elternhaus. Seit dem Jahr 2000 bewohnen meine Eltern das Haus allein. Doch sie empfinden es nicht als zu groß, sondern genießen die vertraute Umgebung und den großzügigen Platz. Sie haben ein Gästezimmer, ein Bügelzimmer und jeweils ein eigenes Arbeitszimmer. Mit achtzig sind sie noch gut zu Fuß, fühlen sich zu Hause nach wie vor äußerst wohl und sehen keinen Grund, sich jetzt schon nach altersgerechtem Wohnraum umzusehen. Ich frage mich nach den Diskussionen mit ihnen regelmäßig: Warum haben wir eigentlich damals nicht schon an später gedacht und das Haus so gebaut, dass sich das Einfamilienhaus in ein Haus mit zwei Wohnungen umbauen lässt?

Kein neuer Wohnraum

Wo Wohnraum fehlt, fehlt häufig auch Bauland oder Bestand, der sich umnutzen lässt. Dazu kommen steigende Baukosten, Zinsen, Regulierungen, Normen und Umweltauflagen, die das Bauen zwischenzeitlich ausbremsen.[30] Sichtbar wird dies an der Zahl der Baugenehmigungen, die in den letzten Jahren um über 30 Prozent eingebrochen sind. Steht der Bau still, gibt es kaum Ausweichmöglichkeiten, und so konkurrieren Einheimische und Neubürgerinnen um den wenigen Wohnraum. Und das insbesondere in den wirtschaftlichen Zentren und ihren Speckgürteln – was die Preise dort weiter nach oben katapultiert. Dieser Teufelskreis ist besonders gefährlich für die vielen Deutschen, die zur Miete leben. Entsprechend flächendeckend sind die Auswirkungen. Längst rächt sich die Privatisierungswelle vom Anfang des Jahrtausends, im Zuge derer ein großer Bestand an Sozialwohnungen an Investoren verkauft wurde. Doch sie rächt sich nicht an der öffentlichen Hand, die damit ihre Kassen aufgebessert hat – ausbaden müssen die politische Fehlentwicklung all diejenigen, die auf günstigen Wohnraum angewiesen sind: Elf Millionen

Menschen mit Anspruch auf einen Wohnberechtigungsschein standen 2020 nur 1,09 Millionen Sozialwohnungen[31] zur Verfügung.

Doch privatisiert wurden nicht nur Sozialwohnungen. 2013 zum Beispiel verkaufte der Freistaat Bayern die Wohnbaugesellschaft GBW mit 32 000 Wohnungen an ein Investorenkonsortium. Zehn Jahre später lief der Schutz der Mieter aus.[32] Eine ehemalige GWG-Wohnung in bester Lage am Englischen Garten entpuppte sich nun als Goldmine für die Eigentümer. Wohnungen als reine Renditeobjekte sind nichts Neues. Kommt der Faktor Verknappung hinzu, gerät die gesellschaftliche Balance jedoch aus dem Gleichgewicht. Sie kippt zulasten der Mieterinnen und Mieter. Doch selbst wenn sich die Privatisierung unzähliger Wohnungen rückgängig machen ließe, bliebe das Problem der Wohnungsnot groß. Schon lange fehlen in Deutschland massiv Sozialwohnungen. Dagegen wurde und wird zu wenig unternommen. Stattdessen haben steigende Zinsen und Baukosten seit 2023 die Lage drastisch verschlechtert.[33] So trifft eine wachsende Nachfrage auf ein immer geringeres Angebot.

Ein toxischer Krisen-Cocktail

Auf diesem von Knappheit gekennzeichneten Markt drückt nun eine Vielzahl an Krisen auf die Bezahlbarkeit von Wohnraum. Innerhalb kurzer Zeit waren wir einer Pandemie ausgesetzt, Lieferketten sind zusammengebrochen, die Inflation hat die Preise für Alltägliches wie Lebensmittel in ungekannte Höhen geschoben. Russlands Krieg in der Ukraine hat Heizen und Energie deutlich verteuert. Unzähligen Mietern in Deutschland bereitet der Gedanke an die hohe Heizkostenabrechnung und der Abschlag für die Stromkosten schlaflose Nächte.

Die Nachfrage nach günstigen Wohnungen wird indes weiter ansteigen: Weltweit sind kriegs- und klimabedingt Millionen Menschen auf der Flucht. Migration und Flüchtlingsströme treiben die Bevölkerungszahl bei uns in die Höhe und damit auch die Zahl der Menschen, die Wohnraum benötigen. Die Europäische Zentralbank (EZB) hat die

Zinsen mehrfach angehoben, um die Inflation zu bremsen. Eine einschneidende Zinssenkung ist nicht zu erwarten. Das verteuert Baukredite. Nach einer langen Phase der Niedrigzinsen macht plötzlich ein Zinsschock Bauwilligen einen Strich durch die säuberlich aufgestellte Rechnung: Privatpersonen, Wohnungsbauunternehmen und Projektentwickler geraten unter extremen Druck. Träume vom Eigenheim platzen, weil Baukredit und extrem gestiegene Baukosten in unbezahlbare Ferne rücken. Ein zusätzlicher Kostentreiber sind die enormen Bodenpreis-steigerungen, die teilweise zum absurden Spekulationsgegenstand geworden sind. Nur durch den Kauf und den Weiterverkauf wurden große Gewinne abgeschöpft.

Über all diesen Krisen schwebt die Megakrise Klimawandel. Wollen wir unsere Lebensgrundlage erhalten, müssen wir unsere Lebensweise überdenken. Private Haushalte sind für einen erheblichen Teil des CO_2-Ausstoßes in Deutschland verantwortlich. Mit besserer Dämmung und regenerativen Heizformen soll der Wohnbestand in Deutschland klimaneutral werden. Das bedeutet: Die Mieten und Nebenkosten müssen steigen, weil wir aufgrund unserer eigenen Zukunft ökologischer wohnen wollen. **Mehr Ökologie ist kein Luxus, sie ist eine Notwendigkeit.** Doch dichtere Fenster oder eine nicht-fossile Heizung einzubauen, kostet erst einmal Geld. Geld, das Eigentümer oder Vermieterinnen investieren und für das sie angesichts hoher Zinsen beim Kapitaldienst tief in die Tasche greifen müssen. Weshalb es nachvollziehbar ist, dass sich dieses investierte Geld für sie – zumindest in einem verträglichen Maß – in Form höherer Mieten rechnen soll. Ohne Aussicht auf Rendite entfällt ansonsten der Anreiz, Wohnraum zu vermieten.

Ein Mangel lässt sich nicht verwalten

Der Wohnraummangel lässt sich nicht verwalten. **Dieser Mangel lässt sich nur beheben.** Und dafür benötigen wir neue Lösungen. Vielschichtige Lösungen, die sich aus zahlreichen, oft kleinen Schritten zusammensetzen. Nicht aus plakativem Aktionismus, der einfache

Antworten verspricht. Ein Beispiel? Die politische Forderung, möglichst viele Büroflächen in Wohnungen umzuwandeln, klingt logisch: Durch die Pandemie ist das Arbeiten im Homeoffice gekommen, um zu bleiben. Theoretisch müssten also massenhaft Büros leer stehen. Wäre es nicht großartig, diese in Apartments umzuwandeln? Auf jeden Fall! Leider gibt es einige Widrigkeiten: Eine Umnutzung ist extrem teuer und aufwendig, weil die Grundrisse häufig nicht für eine Wohnungsnutzung geeignet sind. Dadurch ergeben sich aufwendige und lange Umplanungs- und Genehmigungszeiten, ganz zu schweigen von den baurechtlichen Hürden. Aus meiner Sicht ist diese Idee momentan nur für einen Teil der leer stehenden Büros wirtschaftlich umsetzbar.

Als Projektentwickler für bezahlbaren Wohnraum arbeite ich gemeinsam mit einem wachsenden Netzwerk daran, die Wohnungsnot zu lindern. Die notwendige Motivation liefert mir der Arbeitsalltag täglich frei Haus: Er ist gespickt mit Begegnungen und bewegenden Gesprächen mit Menschen, denen ein Zuhause fehlt. Oder die Angst haben, kein Zuhause mehr zu finden. Genauso häufig spreche ich auf kommunaler Ebene mit Bürgermeistern, Kommunalpolitikern und Sozialträgern sowie Wohnungsbauunternehmen, die nach Wegen suchen, Wohnraum zu schaffen. Nicht nur irgendwie und irgendwo, sondern bezahlbaren, nachhaltigen, gemeinschaftlichen und wertigen Wohnraum. Wie das gelingen kann, werde ich später im Buch beschreiben. Doch zunächst stellen wir uns einer weiteren bitteren gesellschaftlichen Tatsache.

KAPITEL 3

Parkbank oder Penthouse

Ist Wohnen ein Menschenrecht oder Luxusgut? Im Spannungsfeld zwischen Wohnungslosigkeit und Wohlstand spiegeln sich nicht nur unsere Gesellschaft und Politik, sondern auch unser eigenes Prestigedenken wider.

»Finde ich heute Nacht eine Parkbank zum Schlafen? Was werde ich essen? Wo kann ich mich waschen, um nicht als stinkender Penner aufzufallen?«, erzählt Dominik Bloh von den drängendsten Fragen in seinem Leben auf der Straße in Hamburg – ein täglicher Kampf.

Ich höre gebannt zu, denn was Dominik erzählt, berührt mich. Durch ihn begegne ich dem Thema Wohnungslosigkeit ungefiltert und aus erster Hand. Nach seinem Vortrag im September 2023 kommen wir ins Gespräch. Ich lerne ihn kennen und begleite ihn zwei Tage in seine alte Welt.[34]

Obdachlosigkeit war für mich lange eine fremde Welt, die mich nach jeder Begegnung ratlos zurückließ. Das direkte Anbetteln machte mich verlegen, und beim Anblick eines Mannes auf der Parkbank – Plastiktüten neben sich, eine Flasche Alkohol in der Hand, die Kleidung verschmutzt – beschleunigte ich unwillkürlich meine Schritte. Mein Mitgefühl war da, aber wie konnte ich wirklich helfen? »Gib ihm kein Geld, davon kauft er doch nur Alkohol.« Dieser gut gemeinte Rat aus dem Schulunterricht hallte nach.

Also kaufte ich beim nächsten Mal ein Brötchen und reichte es dem Obdachlosen. Seine verhaltene Dankbarkeit – ein Bier wäre ihm wohl lieber gewesen – und mein schlechtes Gewissen vermischten sich zu dem Gefühl, wenigstens nicht ganz tatenlos geblieben zu sein.

Bekannte von mir schenkten Joe, einem Obdachlosen in ihrer Kirchengemeinde, nach dem Gottesdienst einen neuen Anzug. Er nahm ihn mit, doch in der Woche darauf erschien er wieder wie gewohnt – ungeduscht in seiner abgenutzten Kleidung. Hatte der Anzug eine Veränderung bewirkt oder wollten sie ihn nur verkleiden? Sicher war die Geste von Herzen gut gemeint, vermischt mit dem Wunsch, dass alle würdevoll zum Gottesdienst erscheinen könnten. Doch wieder überkam mich dieses Gefühl der Ohnmacht: **Um die Lebenswirklichkeit von Menschen ohne Wohnung nachhaltig zu verändern, braucht es wohl mehr als gut gemeinte Gesten.**

Auf den ersten Blick empfinden wir Obdachlose als Schönheitsfleck in unserer Gesellschaft, den wir wegschminken oder aus den Augen haben wollen. Sie sorgen für Unmut unter Anwohnerinnen und Passanten, weshalb sie von Bahnhöfen und Parkbänken verwiesen werden. Wollen wir vielleicht nicht wahrhaben, dass es auch uns treffen kann?

Dabei dreht sich die Spirale immer schneller: Steigende Mieten und Nebenkosten, extrem knapper Wohnraum plus persönliches Pech lassen mehr und mehr Menschen in die Wohnungslosigkeit schlittern.

In den überhitzten Metropolregionen konkurrieren sie mit zahllosen anderen um bezahlbaren Wohnraum, während Fachkräftemangel und explodierende Baukosten die Schaffung des dringend benötigten Wohnraums ausbremsen. Für Menschen ohne Wohnung wird die Suche nach den eigenen vier Wänden so zum nahezu aussichtslosen Unterfangen.

Seit ich Dominik kenne, will ich nicht mehr wegschauen. Seine Geschichte war für mich ein Augenöffner – und deshalb kommt er hier persönlich zu Wort und gibt uns einen Einblick in seine Geschichte:

Von der Platte zum Bundesverdienstkreuz

Dominik Bloh ist erst 16 Jahre alt, als seine psychisch kranke Mutter ihn in Hamburg auf die Straße setzt. Es ist Februar 2005, mitten in einer kalten, verschneiten Nacht. Er geht weiter zur Schule und lebt auf der Straße. Anfangs kann er gelegentlich bei Freunden schlafen.

Nach dem Abitur rutscht er immer tiefer in die Obdachlosigkeit. Denn solange er den Status »Schüler« innehatte, war er nach wie vor ein Teil der Gesellschaft. Nun hat er als Straßenkind zwar erfolgreich die Schule abgeschlossen – doch mit dem Erreichen dieses Ziels fällt er komplett heraus aus der bürgerlichen Welt.

»Platte machen« heißt das Leben auf der Straße umgangssprachlich – die Platte ist der Schlafplatz von Obdachlosen, in Hauseingängen, auf Parkbänken oder Lüftungsschächten. Insgesamt elf Jahre verbringt Dominik auf der Straße. Seine ständigen Begleiter sind Collegeblock und Stift, die er in einer Plastiktüte mit sich trägt, um sie vor Nässe zu schützen. Auf dem Block notiert er, was ihn bewegt.

2017 erscheint sein Buch »Unter Palmen aus Stahl«. Es erzählt darin von seinem Weg, von bürokratischen Hürden und dem Teufelskreis, in dem er gefangen war: »Obdachlos in der Stadt nach einer Wohnung suchen; Studenten und Geringverdiener konkurrieren um den knappen bezahlbaren Wohnraum in der Stadt. Die Mieten explodieren. 680 Euro für ein 20-Quadratmeter-Zimmer. Ich stehe mit 30 anderen Bewerbern in einem Raum, den alle haben wollen. Am Ende werden die Selbstauskünfte ausgeteilt. Ich kann kein Feld ehrlich ausfüllen.«[35] Ohne Job keine Wohnung, ohne Wohnung keinen Job.

Nachts läuft Dominik oft durch die Straßen Hamburgs, um sich warmzuhalten. Ab und zu bleibt er stehen und schaut vom Gehweg aus in erleuchtete Wohnungen. In diesen Momenten ist die Sehnsucht nach einem Zuhause besonders groß.

Auf der Straße gibt es keinen Rückzugsort. Aus Angst vor Gewalt zieht Dominik den Reißverschluss seines Schlafsacks nie ganz zu. Er ist oft hungrig, doch den Hunger sieht man ihm nicht an. Was andere sehen, ist sein Äußeres. Deshalb ist fehlende Hygiene für ihn das Schlimmste. Sich nicht waschen zu können, sich dreckig zu fühlen und zu merken, dass die Menschen um ihn herum ihn zwar wahrnehmen, aber als stinkenden, versifften Penner – das habe oft weh getan.

»Ich fühlte mich nur noch wie Dreck«, sagt er rückblickend.

Waschen ist für ihn gleichbedeutend mit Würde. Ende 2018 gründet er gemeinsam mit Gleichgesinnten die gemeinnützige GmbH »GoBanyo«. Mithilfe von Crowdfunding sammeln sie Geld für den GoBanyo Duschbus, der seither in Hamburg unterwegs ist. Bis GoBanyo kam, gab es in Hamburg gerade einmal 17 Duschplätze für offiziell rund 2000[36] Menschen, die auf der Straße lebten. Dementsprechend gefragt ist der Duschbus, der nach einem festen Plan in St. Pauli, am Steintorplatz oder beim Fischmarkt Halt macht. Dort werden die Gäste begrüßt und erhalten Seife, Handtücher, Rasierer, Tampons und frische Wäsche.

Für sein Engagement erhält Dominik Ende 2022 im Schloss Bellevue von Frank-Walter Steinmeier das Bundesverdienstkreuz.

Doch wie kam er überhaupt in die Lage, anderen Obdachlosen helfen zu können? Dominiks Glück sind seine Offenheit und Hilfsbereitschaft. Als 2015 Tausende von Geflüchteten in Hamburg ankommen, entdeckt er Parallelen zwischen den Neuankömmlingen und sich selbst: Ungewissheit und Orientierungslosigkeit, Frust und Enttäuschungen. Dominik will helfen. Er engagiert sich in der Flüchtlingshilfe, wird Mitgründer des Vereins Hanseatic Help e. V. und findet dabei selbst den Weg aus der Obdachlosigkeit.

Inzwischen hat er ein Einkommen und eine kleine Wohnung – ein entscheidender Schritt weg von der Straße. Daraus ein Zuhause zu machen, fällt ihm jedoch schwer, denn er bekommt die Straße nicht aus seinem Kopf.[37] Seine Wohnung hat zwei Zimmer, doch er nutzt die Küche kaum. Den Kühlschrank hat er nicht angeschlossen, stattdessen kauft er wie früher Lebensmittel in kleinen Mengen, die er gut draußen auf dem Balkon lagern kann. Er schläft auf einer Matratze. »Das Bett ist da, ich muss es noch zusammenbauen. Keine große Sache, aber ich zögere es hinaus. Wenn man so lange mit dem absoluten Minimum ausgekommen ist und nur von einem Tag auf den anderen gelebt hat, fällt es schwer, sich auf längere Zeiträume einzurichten«, erzählt er mir.

Obdachlos kontra Penthouse

Während Dominik Bloh seine Geschichte erzählt, beobachte ich durch das Fenster den Eingang des Nachbarhauses: Es ist der am Strandkai in der HafenCity Hamburg stehende Marco-Polo-Tower mit seinen stolzen 55 Metern Höhe und 17 Stockwerken. Geplant wurde das Gebäude von den bekannten Behnisch Architekten aus Stuttgart. Auffällig sind die ineinander verschränkten Stockwerke und weißen Balkonbrüstungen. Der Rundumblick aus dem Penthouse auf den Hafen, die Elbe und die Innenstadt mit ihren Türmen muss fantastisch sein.

Ich schaue im Internet bei ImmoScout24 nach, was es wohl kostet, dort zu wohnen: In der 9. Etage ist gerade eine möblierte Wohnung frei – 163 Quadratmeter für 7500 Euro pro Monat. In der direkten Nachbarschaft wird ein Penthouse im 12. Stock mit 173 Quadratmetern für 4 600 000 Euro zum Verkauf angeboten, immerhin provisionsfrei. Ich schaue wieder aus dem Fenster. An der Eingangstür zum Marco-Polo-Tower sehe ich den Concierge, der einer schick gekleideten Dame mit kleinem Hund die Tür öffnet.

Dann blicke ich wieder zu Dominik, der gerade von der Suche nach einer Duschmöglichkeit erzählt.

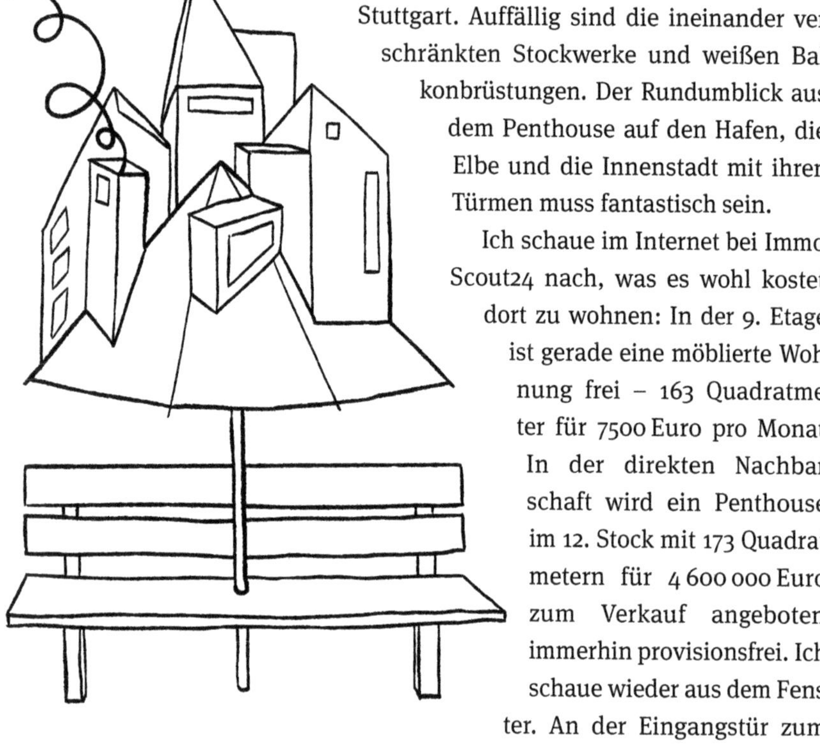

In diesem Moment prallen die beiden so unterschiedlichen Lebenswelten aufeinander. Der Kontrast könnte kaum größer sein – und er macht mich nachdenklich. **Da gibt es Menschen in unserer Gesellschaft, deren gesamter Besitz in zwei ausgebeulte Plastiktüten passt.** Auf der anderen Seite gibt es wohlhabende Menschen, die sich problemlos eine Monatsmiete von 7500 Euro leisten können (mir würde es auch gefallen, im Penthouse des Marco-Polo-Towers zu wohnen). Doch zwischen diesen extremen Polen existieren viele Schattierungen: Menschen, die gerade noch ihre Miete bezahlen können, und solche, die mit wachsender Verzweiflung nach bezahlbarem Wohnraum suchen. Und dann gibt es jene, die im Übermaß leben, Immobilien wie Trophäen sammeln und ihren Status über Wohnbesitz und die Anzahl von Schlaf- und Badezimmern definieren. Denn wo und wie ich wohne, bestimmt in unserer Gesellschaft mit, wer ich bin. Möglichst wertfrei frage ich mich: Ist diese Polarisierung vom Himmel gefallen? Ist sie ein gesellschaftliches Erbe? Oder hat sie mit unserer Haltung zu tun?

Verstehen Sie mich nicht falsch: Es liegt mir fern, pauschal gegen Luxus zu wettern. Schließlich zählt in der Wohnungsnot jede Wohnung. Mit den Beispielen aus der Welt des Luxuswohnens möchte ich vielmehr die Spannung aufzeigen, die in unserer Gesellschaft existiert. Für die Menschen auf der glänzenden Seite der Medaille sind Mieten im fünfstelligen Bereich keine Seltenheit, hat das Branchenportal Immowelt in seinem Ranking der teuersten Mietwohnungen 2023[38] ermittelt. So kostet das wohl teuerste Apartment in Deutschland 28 500 Euro Kaltmiete pro Monat. Dementsprechend exklusiv ist seine Lage: in Berlin-Mitte[39], mit Blick auf das Stadtschloss.

In München ist »The Seven« die vermutlich teuerste Adresse der Stadt. Der 56 Meter hohe Turm im Gärtnerplatzviertel wurde 2010 privatisiert und in ein architektonisches Vorzeigeobjekt der Extraklasse verwandelt. Die Münchner Abendzeitung bezeichnete den Turm 2022 als »Ursünde der Privatisierung«. Rund zehn Jahre zuvor hatte eine Luxuswohnung in dem frisch sanierten Wohnturm zwischen 8000 und 22 000 Euro pro Quadratmeter gekostet – damals eine astronomische Summe. Aus heutiger Sicht war der Kauf vermutlich ein Schnäppchen, denn seither haben sich die Immobilienpreise in der Stadt zum Teil verdreifacht. Pikantes Detail: Der ehemalige Kraftwerksturm der Stadtwerke gehörte samt Grundstück der Stadt München, die an der Privatisierung kräftig verdient hat.

Mit der Privatisierung von öffentlichem Wohn- und Gebäudeeigentum hat die deutsche Politik eher kurzsichtig gehandelt. **Denn Wohnraum ist Wirtschaftsgut und Sozialgut zugleich. Schließlich ist Wohnen ein Grundbedürfnis.**

Wohnungsverlust bedeutet Prestigeverlust

Bereits im ersten Kapitel dieses Buches ging es um die wachsende Zahl wohnungs- und obdachloser Menschen in Deutschland. Schauen wir uns an dieser Stelle noch einmal gründlicher an, welche Folgen die Wohnungslosigkeit mit sich bringt – für die Betroffenen und für den Staat. Vorweg eine kurze Begriffsklärung: Menschen, die im Freien schlafen, etwa in Parks, auf Parkbänken, in U-Bahn-Stationen oder auf Baustellen, werden als obdachlos bezeichnet. Wohnungslos sind alle, die keinen Zugang zu eigenem Wohnraum haben und deshalb entweder temporär bei Verwandten, Freunden oder in Einrichtungen der Kommune oder anderer Träger unterkommen oder obdachlos sind. Ich verzichte hier bewusst auf eine Unterscheidung, da es sich um zwei Begriffe für dasselbe Phänomen handelt. Die Lebensrealität der betroffenen Menschen ist ähnlich, denn kaum jemand lebt ausschließlich auf der Straße oder ausschließlich in Notunterkünften, wie zum Beispiel saisonal begrenzten Winterquartieren.

Bis zum Jahr 2027 sollen in Deutschland bis zu 830 000 Wohnungen fehlen. Das sind schlechte Nachrichten für alle, die eine Wohnung suchen. Denn der Verteilungskampf wird noch härter werden. Dabei ist Wohnen ein elementares menschliches Bedürfnis, was mir nicht zuletzt Dominiks Geschichte vor Augen führt. Ein Zuhause ist kein Spekulationsobjekt – eigentlich. Die bittere Ironie dabei: Seit Jahrzehnten ist das Recht auf Wohnen als Menschenrecht im UN-Sozialpakt verankert. Artikel 11 des UN-Sozialpaktes definiert das »Recht eines jeden Menschen auf einen angemessenen Lebensstandard für sich und seine Familie, einschließlich ausreichender Ernährung, Bekleidung und Unterbringung [...]«.

Wer keine eigene Wohnung hat, dem fehlt ein Rückzugsort und damit Schutz und Erholung. Das wiederum macht es schwer, einer Erwerbsarbeit nachzugehen oder die Schule zu besuchen. Dominik ist da eine große Ausnahme. Er hat als Straßenkind Abitur gemacht – ohne elterliche Unterstützung, ohne Schreibtisch oder Bett.

Wohnen ist jedoch nicht nur ein Grundrecht, sondern auch mit sozialem Status und Ansehen verbunden. Wer eine Arbeit sucht, ist ohne festen Wohnsitz so gut wie chancenlos. Das fängt bei scheinbar selbstverständlichen Dingen an, die fehlen: der eigene Briefkasten, der private Online-Zugang und das Bankkonto.

Der Mann meiner Kollegin arbeitet im Jobcenter und berichtet von einem paradoxen Kreislauf: **Die größte Herausforderung für Menschen ohne Wohnung ist, dass sie für die Jobsuche eine feste Adresse brauchen.** Was darüber hinaus fehlt, ist der gesellschaftliche Status. Denn der Verlust des eigenen Wohnraums gilt als gleichbedeutend mit persönlichem Scheitern und mangelnder Leistungsfähigkeit. Wer dagegen ein Eigenheim in guter Lage besitzt, hat es »geschafft«, ist anerkannt und ein wertvoller Teil der Gesellschaft.

Wohnungslose Menschen sind täglich gefordert im praktischen Überleben – und gleichzeitig müssen sie mit dem Stigma der gescheiterten Existenz zurechtkommen. Gewalttätige Übergriffe gegenüber Obdachlosen sind keine Seltenheit. Mangelnde Hygiene und fehlende Gesundheitsvorsorge sind vorprogrammiert, wenn Menschen aus dem bürgerlichen System fallen, kein Badezimmer, keine Hausärztin und keine Privatsphäre haben. Der Verlust der eigenen Wohnung beraubt Menschen ihrer Privatsphäre, ihrer sozialen Beziehungen und ihrer Würde, macht sie zu scheinbar Unsichtbaren am Rand der Gesellschaft und raubt ihnen die Chance auf Teilhabe am normalen Leben.

Was macht diese Art von Leben mit der Selbstachtung eines Menschen? Rückblickend sagt Dominik: »Man wird nicht gesehen, obwohl man immer sichtbar ist.«

Entgegen der landläufigen Meinung ist Wohnungslosigkeit alles andere als eine Randerscheinung. Offiziell waren Ende 2023 mehr als eine halbe Million Menschen in Deutschland wohnungslos. Tatsächlich dürften es weit mehr sein. Gut ein Fünftel der Bevölkerung in Deutschland war laut Statistischem Bundesamt 2022[40] armutsgefährdet. Als armutsgefährdet gilt, wer weniger als 60 Prozent des mittleren Einkommens eines Landes zur Verfügung hat. Besonders betroffen sind häufig Alleinerziehende: Vor allem junge Mütter haben ein hohes Armutsrisiko.

Zudem sind Kinder häufig ein Hemmschuh bei der Wohnungsvergabe. Kinder werden oftmals weniger toleriert als Haustiere. Auf der Warteliste einer einzigen Wohnungsgesellschaft stehen oft Tausende von Wohnungssuchenden, darunter Hunderte Härtefälle.

In Dominiks Fall übernahm sein Vater keine Verantwortung, und seine Mutter wurde durch die Belastungen krank. Als Altenpflegerin musste die Alleinerziehende für sich und ihre beiden Söhne rund zwei Drittel ihres Gehalts für die Miete ausgeben. Der finanzielle Druck und das Fehlen eines unterstützenden Umfelds belasteten sie so sehr, dass sie zunächst an einem Burn-out erkrankte und später manisch-depressiv wurde. Deshalb hegt Dominik keinen Groll gegenüber seiner Mutter. Das Versagen sieht er in seinem Fall aufseiten der staatlichen Ämter und Behörden.

Housing First oder die Abschaffung der Wohnungslosigkeit

Ein obdachloser Mensch kostet den Staat zwischen 40 000 und 52 000 Euro pro Jahr. In diese Zahl sind alle Arten von Ausgaben einbezogen: Gesundheitsdienste und Unterbringung, aber auch Polizeieinsätze und Folgekosten von Kriminalität.[41] Expertinnen gehen davon aus, dass Obdachlosigkeit teurer ist als Maßnahmen zu ihrer Bekämpfung. Doch welche Maßnahmen sind sinnvoll?

Die Bundesregierung[42] hat sich die Lösung des Problems fest vorgenommen: Bis 2030 will sie die Obdach- und Wohnungslosigkeit in Deutschland überwinden. Gemeinsam mit Ländern und Kommunen sowie Akteuren aus Zivilgesellschaft, Wirtschaft und Wissenschaft soll das gelingen. Ein Ansatz dafür ist das Konzept Housing First. Es setzt auf einen radikalen Ansatz: Die eigene Wohnung steht am Anfang aller Hilfen – ohne Vorbedingungen wie Arbeitsplatz, Abstinenz oder Therapie. Der sichere Wohnraum wird zum Fundament für ein stabiles Leben. Anders als bei klassischen Konzepten bekommen Wohnungslose zuerst ein Dach über dem Kopf, bevor weitere Schritte wie Arbeitssuche oder Therapie folgen. Diese in den 1990er-Jahren in den USA entwickelte Idee zeigt, wie Wohnungslosigkeit neu gedacht werden kann. **Housing First ist für mich die bestmögliche Lösung für das Problem der Wohnungslosigkeit.**

Indem Housing First das Recht auf Wohnen in den Mittelpunkt stellt, verändert es das traditionelle Stufensystem grundlegend. Seinen Kern bildet eine eigene Wohnung mit unbefristetem Mietvertrag. Ein zentrales Merkmal ist die ausgeprägte Selbstbestimmung der Teilnehmenden: Sie entscheiden eigenständig, welche und wie viel Unterstützung sie in Anspruch nehmen möchten. Dabei trennt das Konzept Wohnraum und Betreuung strikt voneinander, sodass der Verlust der Unterstützung nicht zum Verlust der Wohnung führt und umgekehrt. Die angebotene Hilfe orientiert sich ausschließlich an den individuellen Bedürfnissen und Zielen der Teilnehmenden, sie ist nicht zeitlich begrenzt oder an Zwänge gebunden. Besonders bemerkenswert finde ich den Punkt »Harm-Reduction«, zu Deutsch »Schadensminimierung«: Suchtproblematiken oder psychische Erkrankungen sind kein Ausschlusskriterium, sondern werden als Teil der Lebensrealität akzeptiert. Das übergeordnete Ziel ist es, die Lebensqualität der Menschen in allen Bereichen zu verbessern, von der körperlichen und psychischen Gesundheit bis hin zur sozialen Teilhabe.

Dass Housing First funktionieren kann, zeigt ein Blick nach Finnland.[43] Das Wohn- und Sozialsystem der Finnen setzt bereits seit 2008 auf dieses Konzept. Damit sind uns die Finnen weit voraus: Während in der gesamten EU immer mehr Menschen auf der Straße leben, hat EU-Mitglied Finnland die Zahl der Obdachlosen von 2002 bis 2022 um über 60 Prozent reduziert. Bis 2027 soll in Finnland niemand mehr langfristig ohne Obdach sein. Dafür tut das Land einiges. Bis zu 9000 preiswerte Sozialwohnungen entstehen in Finnland pro Jahr – pro Kopf gerechnet sind das rund 6,5-mal mehr als in Deutschland. Finnland schafft es, pro Tag durchschnittlich 25 neue Sozialwohnungen fertigzustellen. Übertragen auf Deutschland würde das bedeuten, dass hier täglich etwa 375 neue Sozialwohnungen entstehen müssten, um das gleiche Niveau zu erreichen. Das wären über 135 000 Wohnungen im Jahr.

Hin zu mehr Wohngerechtigkeit

Anders als in Finnland sieht es in Deutschland beim Bau von sozialem und bezahlbarem Wohnraum mau aus. Dabei fehlen mehr als 900 000[44] Sozialwohnungen. Nun will der Bund den sozialen Wohnungsbau fördern: Zwischen 2022 und 2027 sollen pro Jahr 100 000 öffentlich geförderte Wohnungen entstehen. Ursprünglich hatte die Bundesregierung den Bau von 400 000 Wohnungen pro Jahr versprochen. Ein Viertel davon in Form von Sozialwohnungen bauen zu wollen, ist eine löbliche Absichtserklärung. Doch eine klaffende Lücke an fehlendem Wohnraum bleibt. Denn es gibt immer noch viele Menschen, die zwar keinen Anspruch auf eine Sozialwohnung haben, aber dringend bezahlbaren Wohnraum benötigen. Sie sind zum Großteil auf private Vermieterinnen und Vermieter angewiesen. Tatsächlich befinden sich in Deutschland etwa zwei Drittel aller Mietwohnungen in privater Hand. Rund ein Fünftel liegt bei Genossenschaften und in öffentlicher Hand. Unternehmen der Privatwirtschaft halten mit rund 13 Prozent einen vergleichsweise kleinen Anteil[45] am Mietwohnungsbestand.

Die Wohnungsfrage ist eng mit sozialer Gerechtigkeit verknüpft. Wenn attraktive Grundstücke vorrangig an gewinnorientierte Investoren oder einkommensstarke Haushalte vergeben werden, entstehen sozialräumliche Trennlinien in unseren Städten: Während wohlhabendere Menschen in begehrten Lagen leben können, werden Menschen mit geringerem Einkommen in die unattraktiven Stadtlagen gedrängt. Diese räumliche Segregation verstärkt bestehende soziale Ungleichheiten.

Der Zugang zu gutem und bezahlbarem Wohnraum bestimmt maßgeblich über gesellschaftliche Teilhabechancen und Lebensqualität. Dabei verstärken sich soziale und räumliche Ungleichheiten gegenseitig: Menschen mit niedrigem Einkommen konzentrieren sich zwangsläufig dort, wo Wohnraum noch erschwinglich ist. Dies führt zur Bildung von sozial homogenen Nachbarschaften – sowohl in benachteiligten als auch in privilegierten Quartieren. Während die räumliche Konzentration von Armut oft mit schlechteren Lebensbedingungen und sinkenden Aufstiegschancen einhergeht, profitieren wohlhabendere Viertel von ihrer privilegierten Position. Diese Dynamik trägt zur weiteren Öffnung der sozialen Schere bei.

Für Menschen mit geringem Einkommen bedeutet dies oft ein Leben unter erschwerten Bedingungen: beengte Wohnverhältnisse, eine hohe Mietbelastung und ein unsicheres Wohnumfeld. Im schlimmsten Fall droht der Verlust der Wohnung. **Die Wohnungsfrage wird damit zu einer zentralen sozialen Frage unserer Zeit.**

Genossenschaften und alternative Wohnprojekte zeigen, wie sozial gerechtes Wohnen funktionieren kann: Die im Bundesverband deutscher Wohnungs- und Immobilienunternehmen (GdW) organisierten Wohnungsunternehmen und Genossenschaften, die fast ein Drittel aller

Mietwohnungen in Deutschland verwalten, bieten Wohnraum deutlich unter dem Durchschnittspreis an – ihre Mieten liegen mit 6,25 Euro pro Quadratmeter etwa 18 Prozent unter dem bundesweiten Schnitt.

Noch weiter geht das Mietshäuser Syndikat, das mit seinem innovativen Modell bereits 190 Häuser dem Immobilienmarkt dauerhaft entzogen hat: Durch eine besondere rechtliche Konstruktion werden die Gebäude in Kollektiveigentum überführt und können nicht mehr privatisiert werden. Die Bewohnerinnen und Bewohner verwalten ihre Häuser selbst, während ein Solidarfonds neue Projekte unterstützt – ein Modell, das bezahlbares Wohnen langfristig sichert.

Eine Verstaatlichung privater Wohnungsbestände, die einen Anteil von 10 Prozent des Wohnungsmarktes ausmachen, wie sie etwa die Initiative »Deutsche Wohnen & Co enteignen« fordert, sehe ich kritisch. Die Milliardensummen, die für Enteignungen aufgewendet werden müssten, schaffen keine einzige neue Wohnung. Zwar könnten durch eine Verstaatlichung die Mieten um bis zu 16 Prozent gesenkt werden – diese Mittel wären jedoch im sozialen Wohnungsbau deutlich effektiver eingesetzt. Dort erreichen sie genau die Menschen, die dringend bezahlbaren Wohnraum benötigen.

Im Hinblick auf Wohnen und Immobilien fährt die deutsche Politik seit Jahrzehnten einen Schlingerkurs. Mal werden Wohnungen und Staatsbetriebe privatisiert, weil der Staat Geld braucht. Mal werden großzügig Förderprogramme und Schutzschirme steuerfinanziert oder Neubauten mit Milliarden bezuschusst. Die Regierung gibt also durchaus Steuergeld aus, um den Wohnungsbau in Gang zu bringen. Auf der anderen Seite bremst ihn dieselbe Regierung mit einer »Staatsquote« von rund 37 Prozent aus. Von 100 Euro Baukosten entfallen nämlich bis zu 37 Euro auf den Staat, der bei Umsatzsteuer, Grunderwerbssteuer, Notarkosten und sonstigen Posten die Hand aufhält. Übrigens auch beim sozialen Wohnungsbau. Die Auswirkungen auf Baukosten und Mieten sind immens.

Ein kleines Rechenbeispiel: Läge die Staatsquote bei 22 statt 37 Prozent, würden Mieten von aktuell 15 Euro auf 12,80 Euro sinken. Der Staat hält also einen wirkungsvollen Hebel in der Hand und macht keine Anstalten, ihn zu betätigen.

Deutschland fehlt eine politische Vision und vor allem ein stringentes Konzept zum Thema Wohnen und Wohngerechtigkeit. Statt wie Finnland langfristig ein klares Ziel zu verfolgen, mixen wir munter Elemente des Turbokapitalismus mit maximaler staatlicher Kontrolle. So entsteht ein Dschungel, in dem Vorschriften die Sicht versperren und weder Staat noch Privatwirtschaft an einem Strang ziehen.

Sozialer Wohnungsbau im kapitalistischen Paradies

Dass Finnland oder generell Skandinavien in Sachen Sozialstaat als Vorbild taugt – geschenkt. Doch wer würde auf der Suche nach einem Vorbild für Wohngerechtigkeit an Singapur denken? Ist Singapur doch eine der teuersten Städte weltweit und eine kapitalistische Hochburg. Dort leben auf einer ähnlichen Grundfläche wie der von Hamburg 5,9 Millionen Menschen[46] unterschiedlicher Ethnien. Singapur ist das reichste Land Südostasiens und ein wichtiges Zentrum für Handel, Finanzen und Dienstleistungen. Gleichzeitig gibt es dort mehr als eine Million Sozialwohnungen.

Das Wohnungsmodell Singapurs verbindet staatliche Kontrolle geschickt mit privatem Eigentum: Der Staat verkauft Wohnungen zu stark vergünstigten Preisen direkt an seine Bürgerinnen und Bürger, die dafür großzügige Kredite und weitere finanzielle Unterstützung erhalten können. Eine Besonderheit ist die 99-Jahre-Regelung: Nach dieser Zeit fällt die Wohnung automatisch an den Staat zurück. Dies führt zu einem selbstregulierenden Preissystem – während neuere Wohnungen beim Weiterverkauf noch Gewinne ermöglichen, sinkt der Wert älterer Objekte kontinuierlich. So werden sowohl Immobilienspekulationen verhindert als auch bezahlbare Preise gesichert. Einzige Auflage für die Käufer: Sie müssen die Wohnung mindestens fünf Jahre behalten.

80 Prozent der Menschen wohnen in solchen Wohnungen des Staates.[47] Dieser nimmt gezielt Einfluss auf die Zusammensetzung der Stadtviertel und vermeidet so die Bildung von Ghettos. Um die Durchmischung der verschiedenen Ethnien zu sichern, gibt der Staat Quoten vor. Das widerspricht unserer Vorstellung von Demokratie, doch es funktioniert: Slums und Obdachlosigkeit existieren nicht in Singapur. Dafür ist der Wohnungsmarkt stark reguliert. Die Vielvölkermetropole setzt auf Erziehung zur Gemeinschaft. Arme und Reiche sollen nebeneinander wohnen und voneinander lernen. Deshalb baute der Staat von Anfang an nicht nur Häuser, sondern Gemeinschaften. Die Wohnblocks umfassen Wohnungen von klein bis groß, damit sich Altersgruppen und soziale Gruppen mischen – und so Gemeinschaft entsteht.

Singapur leistet sich das teure Wohnungsprogramm seit 1960. Damals entstand das »Housing and Development Board« als Reaktion auf eine drohende Wohnungskrise. Nach dem Ende der Kolonialzeit lebten rund zwei Drittel der Menschen in überfüllten Häusern oder Slums. In Sachen bezahlbarem Wohnraum ging es für Singapur um alles oder nichts. Zunächst setzte der Staat auf Mietwohnungen, bis man feststellte, dass die Menschen viel achtsamer mit den Wohnungen umgingen, wenn sie diese selbst besaßen.

Was können wir von Singapurs sozialem Wohnungsbau lernen? Das kleine Land hat schon vor mehr als 60 Jahren erkannt, dass Wohngerechtigkeit ein Schlüssel für den sozialen Frieden ist. Während dieser langen Zeit hat auch Deutschland viele Milliarden ausgegeben, zum einen für (mit der meist 20-jährigen Mietpreisbindung eher kurzfristige) Wohnungsprogramme und zum anderen für Wohnungsbeihilfen. Wohnungsbeihilfen sind staatliche Maßnahmen, die nachweislich bedürftige private Haushalte bei den Wohnkosten unterstützen – dazu zählen vor allem Wohngeld und Eigentumsförderung.

Inzwischen sind die Mietpreise für viele Menschen mit geringem Verdienst schlichtweg nicht bezahlbar. Das heißt, Menschen müssen den Staat um Hilfe bitten, obwohl sie arbeiten. Gibt es etwas Demoralisierenderes, als vom selbst verdienten Geld nicht leben zu können? Es ist auch ein Dilemma für den Staat, oftmals überteuerten Mietpreisforderungen nachkommen zu müssen, ohne dafür einen Gegenwert in Form von Immobilien zu erhalten. Die Bilanz dieses deutschen Schlingerkurses ist ernüchternd.

Auf der anderen Seite zeigt das Beispiel Singapur, wie viel Kraft eine politische Vision entfalten kann, wenn sie nachhaltig verfolgt wird.

Stressfaktor Status

Auch die Mittelschicht lebt in Singapur im Sozialbau.[48] Das scheint in Deutschland undenkbar. Erstens gibt es hierzulande viel zu wenige Sozialwohnungen und zweitens darf diese nur mieten, wer einen Wohnberechtigungsschein (WBS), also ein nachweislich niedriges Einkommen, hat. Drittens sind die meisten Menschen in Deutschland froh, nicht auf eine Sozialwohnung angewiesen zu sein. Eine Wohnung ist Bestandteil unserer Identität. Der Wohnort sagt etwas über die Person aus – es macht einen Unterschied, ob ich in einer einfachen Sozialwohnung oder in einem urbanen Loft wohne. Nicht zuletzt weist die Art der Wohnung auf den sozialen Status und die finanzielle Situation einer Person, eines Paares oder einer Familie hin. Denn seien wir ehrlich: Status spielt in unserer Gesellschaft noch immer eine große Rolle.

Wir sprechen nicht offen darüber, statusorientiert zu sein, doch mit steigendem Vermögen steigt häufig ganz selbstverständlich die Spirale der Ansprüche. Wohnen ist ein Symbol für Erfolg oder Scheitern. Das Eigenheim oder das schicke Penthouse sind der weithin sichtbare Nachweis dafür, es geschafft zu haben. Pointiert gesagt wird ab einer gewissen Gehaltsklasse der Wohnraum zu einem Accessoire, wie der teure Anzug oder die Handtasche von Louis Vuitton. Mit jeder Stufe auf der Erfolgsleiter wird der Lebensstandard hochskaliert. Ob Haus, Boot oder Auto: Vieles, was wir besitzen, dient unserer Außendarstellung.

Wir leben in einer wachstumsorientierten Konsumgesellschaft, der wir uns nur schwer entziehen können. Medial wachsen wir auf mit dem

Alltag der Reichen und Schönen. Während in den 1980er-Jahren Fernsehserien wie Falcon Crest, Dallas und Denver über die Bildschirme flimmerten, war bis vor Kurzem »Keeping Up With the Kardashians« angesagt. Auch wenn die Durchschnittsdeutschen nie so leben werden wie Milliardäre, kennen wir doch alle die Insignien des Erfolges. Ob Superreiche, Unternehmer oder Normalbürgerinnen – ein gewisses Statusdenken scheint tief in uns verankert. Doch macht es uns auch glücklich?

Hören wir auf, Wohnraum als Statussymbol zu betrachten

Bei den Recherchen zu diesem Kapitel wurde mir selbst erst richtig klar, wie verwurzelt das Statusdenken in unserer Gesellschaft ist. Status bietet Halt und Sicherheit. Der maximale Statusverlust ist die Wohnungslosigkeit – damit verlieren Menschen nicht nur Halt und Sicherheit, sie verlieren auch jegliche gesellschaftliche Anerkennung und gehören nicht mehr dazu. Auf der anderen Seite ist Status offenbar kein Garant für Glück.

Ist es also an der Zeit, das eigene Statusdenken zu hinterfragen? Wege zu mehr Zufriedenheit und mehr bezahlbarem Wohnraum liegen nicht am Ende des Regenbogens, sondern irgendwo zwischen der nackten Bedürfnisbefriedigung einerseits und dem Penthouse im Marco-Polo-Tower andererseits.

Der Weg zur Veränderung beginnt bekanntlich bei uns selbst. Ich möchte Sie dazu anregen, das eigene Statusdenken zu hinterfragen. **Was brauchen Sie zum Glücklichsein? Vielleicht eher mehr Gemeinschaft anstatt mehr Quadratmeter?**

Wenn ich das Thema Wohnen aus der Sicht eines wohnungslosen Menschen betrachte, überkommt mich eine gewisse Demut. Denn auch ich gehöre zur glücklichen Mehrheit, für die ein Zuhause selbstverständlich ist. Wenn Menschen in unserer Mitte keine Wohnung und kein Zuhause haben, erscheint die Diskussion um Zimmeranzahl und Quadratmeter plötzlich banal.

KAPITEL 4

Alte und Neue

Alte Menschen und neu angekommene Geflüchtete haben auf den ersten Blick wenig gemein, auf den zweiten aber umso mehr: Beide Gruppen sehnen sich nach einem Zuhause und sozialer Teilhabe. Sie wollen nicht nur untergebracht und versorgt sein, sondern haben eigene Wünsche und Träume.

Wie können Räume für Hoffnung und Gemeinschaft entstehen?

Bad Lauterberg im Harz war in der Zeit meiner Kindheit ein idyllischer Kurort mit Kneippbecken, Rodelbahn und Skilift. Hier lebten meine Großeltern. In dem geräumigen Zweifamilienhaus mit eigener Sauna hatte mein Großvater, ein pensionierter Pastor, in seinem Arbeitszimmer eine beeindruckende Bibliothek zusammengetragen. Das Haus war so groß, dass wir bei Regenwetter Verstecken spielen konnten, doch meistens waren wir draußen unterwegs, im weitläufigen Garten und im angrenzenden Wald. Im kleinen Schwimmbad der nahe gelegenen Kurklinik ging meine Oma frühmorgens, bevor die Kurgäste kamen, mit uns schwimmen. Meine Großeltern waren sehr gesundheitsbewusst und machten gerne Kneippkuren. Als Kind fand ich es herrlich, durch die kalten Kneippbecken zu hüpfen. Das Zuhause meiner Großeltern – für mich war es das ultimative Paradies.

Mit Ende 70, beide waren noch topfit, beschlossen meine Großeltern, diese Idylle im Harz gegen eine Zweizimmerwohnung mitten in Hannover einzutauschen. Ich war vielleicht 12 Jahre alt, als sie in ein kirchliches Seniorenstift zogen. Damals schlug ich vor, dass wir ihr wunderbares Haus am Waldrand doch alle als Ferienhaus nutzen könnten. Ich wusste noch nicht, dass sie ihr Geld für das teure Wohnstift brauchten. In der niedersächsischen Hauptstadt lebten damals ihre Tochter (meine Tante) sowie Freunde von früher.

»Wenn wir jetzt nicht umziehen, kriegen wir die Kurve nicht mehr«, sagte meine Oma.

Sie hatte sicherlich recht. Dennoch war der Umzug zweifelsohne auch für sie ein großer emotionaler Einschnitt. Nur wenige Puzzleteile ihres alten, so viel größeren Lebens passten in ihr neues Zuhause hinein, darunter die halbe Couch aus dem Wohnzimmer im Harz.

Rund fünf Jahre lebten meine Großeltern gemeinsam dort, bis mein Großvater mit Mitte 80 verstarb. Oma wurde 99 Jahre alt und lebte insgesamt 20 Jahre in ihrer barrierefreien Wohnung.

Die graue Wohnungsnot geht um

Viele ältere Menschen sind nicht so privilegiert, wie es meine Großeltern waren, und können sich eine barrierefreie Wohnung in guter Lage einfach nicht leisten. Andere schieben den Auszug aus ihrer gewohnten Umgebung so lange auf, bis sie ihn nicht mehr aus eigener Kraft bewältigen können. **Nur rund 10 Prozent der Deutschen ab 65 Jahren wohnen komplett barrierefrei.**[49]

Im Wohnungsbau ist Barrierefreiheit eine vernachlässigte Baustelle – obwohl in absehbarer Zeit die Boomer-Generation ins Rentenalter kommt. Den Wohnungsbestand für eine alternde Gesellschaft umzugestalten, halte ich neben der energetischen Sanierung für eine der großen baupolitischen Aufgaben unserer Zeit. Obwohl der Bund entsprechende Umbaumaßnahmen bezuschusst, zögern viele Eigentümerinnen und Eigentümer, diese vorzunehmen. Dabei würden sie mit Maßnahmen wie etwa dem Einbau einer ebenerdigen Dusche nicht nur den Wert ihrer Immobilie erhöhen, sondern auch ihre Chance auf ein selbstbestimmtes und komfortables Leben im Alter. Doch finanziell ist das für Etliche nicht aus eigener Kraft zu stemmen. So räumen Banken Seniorinnen häufig keinen Dispokredit mehr ein. Als der Vater eines Freundes Bad und Küche barrierefrei umbauen lassen wollte, bekam er bei mehreren Banken keinen Kredit für die Baumaßnahme. Bei Konsum-

und Immobilienkrediten liegt die Altersgrenze im Schnitt bei 67 Jahren. Wer in Rente geht, ist nicht mehr kreditwürdig. Die Antidiskriminierungsstelle des Bundes regte 2023 eine Gesetzesänderung an, um pauschale Ablehnungen wegen des Alters zukünftig zu verhindern.

Je geringer das Haushaltseinkommen der Bewohner ist, desto seltener leben sie in altersgerechten Wohnungen. Oftmals müssen Rentnerinnen und Rentner bis ins hohe Alter arbeiten, um die Miete für eine Wohnung bezahlen zu können – die nicht einmal ihren Bedürfnissen entspricht. Ein Teufelskreis, der durch die Wohnungsnot noch verschärft wird.

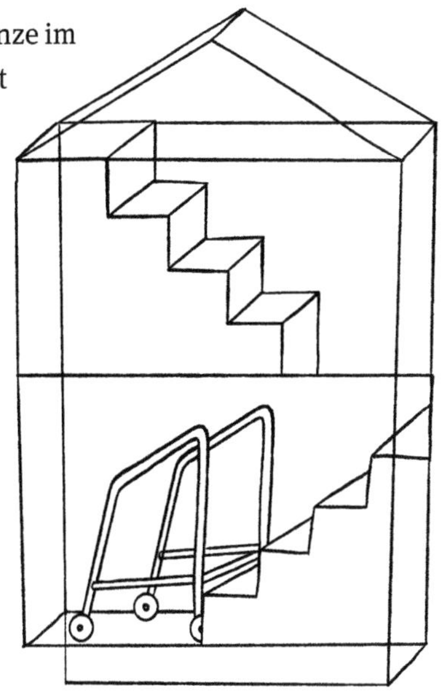

Tatsächlich fehlen bundesweit Millionen barrierearme[50] Wohnungen. Viele ältere Menschen suchen vergebens. Eine davon ist die 80-jährige Rikarda Hummel. Ihre Wohnung mit 96 Quadratmetern ist längst zu groß und viel zu teuer für die Alleinstehende. Sie erhält 1300 Euro Rente und bezahlt davon knapp 1000 Euro Miete pro Monat. Problematisch ist nicht nur die hohe Miete, sondern auch der bauliche Zustand der Wohnung: Schon mehrere Male ist Rikarda über Schwellen zwischen den Zimmern gestürzt, auch der hohe Badewannenrand ist ein Hindernis. Um jedoch eine seniorengerechte Wohnung zu finden, bräuchte sie einen Wohnberechtigungsschein. Den erhielt sie lange Zeit nicht, weil sie auch mit 80 Jahren noch nebenher arbeitet – damit sie ihre Miete bezahlen kann.

Auch der 61-jährige Ralf Grove ist ein Opfer der grauen Wohnungsnot. Vor zehn Jahren zwangen gesundheitliche Probleme den ehemaligen Koch, seine berufliche Laufbahn zu beenden. Seitdem bezieht er eine Berufsunfähigkeitsrente. Er lebt seit 24 Jahren auf verwinkelten 40 Quadratmetern und würde gerne in eine barrierearme Wohnung umziehen. Seine jetzige Wohnung liegt im Obergeschoss ohne Aufzug, hat nur eine Badewanne, in die er kaum noch hineinkommt, und ist zu eng für seinen Rollator. Doch barrierearmer Wohnraum ist rar und teuer an seinem Wohnort. Ralf kann sich schon seine jetzige Wohnung kaum leisten: Nach Abzug der Miete und festen Kosten bleiben ihm lediglich 300 Euro zum Leben, das sind 10 Euro am Tag. Trotzdem gibt er die Suche nach einer passenden Wohnung nicht auf, denn seine gesundheitlichen Beschwerden nehmen zu und im Treppenhaus schmerzt ihn jeder Schritt.

Monika Rössig hatte Glück. Die 81-Jährige ergatterte eine barrierearme Wohnung der Hartwig-Hesse-Stiftung in Hamburg-St. Georg. Für 43 Quadratmeter ohne Treppenstufen und mit Fahrstuhl bezahlt sie warm nur 500 Euro. Damit bleibt ihr von 1300 Euro Rente im Monat noch genug zum Leben.

»Schon zur Eröffnung hätten wir das Haus zehnmal füllen können. Und so ist auch jetzt die Nachfrage. Wir haben viel mehr Menschen, die eine günstige, barrierefreie Wohnung suchen, als wir zur Verfügung stellen können«, sagt Stiftungsleiter Markus Greb. Er würde gerne mehr bauen, doch derzeit könne sich die Stiftung keine weiteren Bauprojekte leisten. Zudem erschwere der steigende Pflegebedarf die Lage – denn Deutschland wird immer älter.

Kein Raum für Pflegebedürftige

Die Zahl der Pflegebedürftigen hat sich innerhalb weniger Jahre verdoppelt. Die Altersgruppe im Ruhestand ist die einzige Bevölkerungsgruppe in Deutschland, deren Anzahl sicher ansteigen wird.

Wo eine rapide alternde Bevölkerung auf einen signifikanten Mangel an altersgerechtem Wohnraum trifft, sind Schicksale vorprogrammiert. Was tun, wenn man pflegebedürftig wird und die eigene Wohnung sich nicht für die häusliche Pflege eignet?

Die Mutter eines Bekannten von mir lebt in Dortmund von 1600 Euro Rente im Monat. Damit liegt sie deutlich über dem Durchschnitt: 2022 erhielten Frauen in Deutschland rund 1072 Euro Altersrente[51].

Als die Mutter infolge eines Sturzes dauerhaft eingeschränkt war, erkundigte sich die Familie nach einer stationären Unterbringung. Doch bereits für ein kleines Pflegeheimzimmer im Dortmunder Johanniter-Stift hätten sie wohl 4400 Euro im Monat bezahlen müssen. Je nach Pflegegrad schließt die Pflegeversicherung einen Teil der Lücke zwischen Rente und Pflegekosten – doch meist bleibt ein erheblicher Fehlbetrag. Zudem kann die Rente nicht ausschließlich für einen Heimplatz verwendet werden, schließlich benötigen ältere Menschen mit gesundheitlichen Einschränkungen häufig Hilfsmittel oder Medikamente, die wiederum die Krankenkasse nicht bezahlt. Schlussendlich übernahm mein Bekannter einen Teil der Pflege selbst.

In den eigenen vier Wänden alt werden oder in eine betreute Einrichtung ziehen – beide Möglichkeiten sind legitim. Daneben gibt es weitere Entwürfe, um den eigenen Lebensabend würdevoll zu gestalten. Meine Großeltern entschieden sich damals für den Weg, der ihnen in ihrer Situation richtig erschien. Sie wollten sich räumlich verkleinern und näher zu ihrer Familie ziehen, wollten in der Stadt mobil sein und am kulturellen Leben teilnehmen. Genauso respektiere ich es, wenn Menschen bis zum Schluss in ihrem gewohnten Umfeld bleiben möchten. Allerdings setzen sich viele nicht bewusst mit der Entscheidung auseinander. Oder sie finden für ihre Wünsche keinen Weg. Sei es, weil ihnen die finanziellen Mittel dazu fehlen oder sie aufgrund ihres Alters diskriminiert werden.

Hey Alter, verzieh dich

Ageism, zu Deutsch Altersdiskriminierung, ist ein trauriges Phänomen westlicher Kulturgesellschaften. Mitten in Deutschland bekommen Rentnerinnen keinen Mietvertrag und Senioren keinen Dispokredit. Denn Vermieter, Banken oder Versicherungen wollen langfristige Sicherheit und fürchten Ausfälle. Leider sind Vorurteile, Diskriminierung und stereotype Behandlung von Menschen aufgrund ihres Alters tief in unserer Gesellschaft verankert.

Anders als bei uns genießen ältere Menschen in vielen Kulturen weltweit hohes Ansehen. In Japan, China und Korea zum Beispiel wird das Alter traditionell mit Weisheit und Erfahrung gleichgesetzt. Ältere Menschen werden geschätzt und spielen eine zentrale Rolle im Familienleben. In weiten Teilen Afrikas gelten ältere Menschen häufig als Bewahrerinnen von Wissen und Traditionen und übermitteln kulturelle und soziale Normen. In indigenen Kulturen wie den Native Americans werden Ältere oft als Weise und Lehrer angesehen, die wertvolles Wissen über die Natur, Medizin und Spiritualität weitergeben.

Anerkennung und Wertschätzung sind in meinen Augen eng gekoppelt mit guter Lebensqualität und einem Gefühl von Zugehörigkeit und Zweck. In unserer westlichen, leistungsorientierten Gesellschaft dagegen fühlen sich ältere Menschen häufig isoliert und einsam. Wir pflegen eine Kultur des Abschiebens. Sinnbildlich stehen dafür die Pflegeheime am Rande der Städte – verdrängt aus der Mitte der Gesellschaft. Hier brauchen wir als Gesellschaft und Immobilienwirtschaft eine WOHNWENDE. **Wir brauchen mehr barrierefreie Wohnungen dort, wo Menschen oft jahrzehntelang verwurzelt sind: in ihren vertrauten Quartieren, wo sie ihren Bäcker kennen und nachbarschaftliche Beziehungen pflegen.** Diese Wohnräume müssen zudem bezahlbar, gut erreichbar und nah am städtischen Zentrum liegen. Nur dann können sie ein aktiver Teil der Gesellschaft bleiben.

In unserer zunehmend leistungsorientierten und individualistischen Gesellschaft drohen ältere Menschen ohnehin schon den Anschluss zu verlieren. Wenn sie dann noch ihre vertraute Umgebung verlieren, verlieren sie oft auch ihr Gefühl der Zugehörigkeit und damit ihre Lebensqualität. Menschen im Alter aus ihrem bekannten sozialen Umfeld zu reißen, ist nicht nur unwürdig, sondern führt häufig in die Einsamkeit. Doch wie können wir das ändern? Durch eine neue Generation von Wohnkonzepten, die Pflege und gesellschaftliche Teilhabe verbinden, können wir lebendige Orte des Miteinanders schaffen.

Auf der Flucht ins Ungewisse

Ähnlich isoliert wie die Alten fühlen sich auch viele Menschen, die aufgrund von Krieg, Verfolgung oder lebensbedrohlichen Umständen nach Deutschland gekommen sind. In den vergangenen zehn Jahren haben viele dieser Schutzsuchenden in unserem Land Zuflucht gefunden. Doch was erleben diese Menschen in unserer Gesellschaft?

Egal, wo Asylsuchende Deutschland betreten: Sie werden nach dem sogenannten Königsteiner Schlüssel auf die Bundesländer verteilt. Dieser richtet sich zu zwei Dritteln nach dem Steueraufkommen und zu einem Drittel nach der Bevölkerungszahl. Demnach kommen die meisten Geflüchteten nach Nordrhein-Westfalen, Bayern und Baden-Württemberg. Dort brauchen all diese Menschen eine Unterkunft, besser noch ein Zuhause.

Warum flüchten Menschen aus ihrer Heimat? Die häufigsten Fluchtursachen sind Krieg, Verfolgung, Unterdrückung, wirtschaftliche Not, Klimakrisen und Hunger. Die Betroffenen eint die Gewissheit: Ich kann hier nicht bleiben. Sie ziehen los ins Unbekannte und unterliegen oftmals falschen Vorstellungen über ihr Ziel. Aus zahlreichen Gesprächen weiß ich, dass die zugrunde liegenden Sehnsüchte weltweit ähnlich sind. Wohnraum, Mobilität und Freiheit stehen ganz oben. Auf der Rangliste der Sehnsuchtsorte nimmt Deutschland[52] bei Asylsuchenden innerhalb Europas einen vorderen Platz ein. Das liegt vor allem an der zentralen Lage, der vergleichsweise liberalen Asylpolitik und der stabilen wirtschaftlichen Situation. Zusätzlich bietet Deutschland umfangreiche soziale Unterstützungsprogramme und hat in der Vergangenheit viele Asylanträge bewilligt.

Auf die unterwegs drohenden Gefahren sind die wenigsten Flüchtenden vorbereitet. Viele erleben Gewalt und Kriminalität, werden betrogen und belogen, geraten in Lebensgefahr und machen leidvolle Erfahrungen mit Pushbacks.

Angelika Röhm von der Hoffnungsträger Stiftung erklärt dies wie folgt: »Unter Pushback versteht man im Fluchtkontext Maßnahmen von staatlichen Behörden oder Grenzschutzagenturen, bei denen Flüchtende gewaltsam daran gehindert werden, in ein Land einzureisen oder dort Asyl zu beantragen. Solche Pushbacks finden oft direkt an den Grenzen statt – die Menschen werden zurückgedrängt und bekommen keine Möglichkeit, Asyl zu beantragen. Internationale Menschenrechtsorganisationen kritisieren Pushbacks als rechtswidrig, da sie das Prinzip des Non-Refoulement verletzen. Dieses Prinzip ist in der Genfer Flüchtlingskonvention verankert und besagt, dass keine Person in ein Land zurückgeschickt werden darf, in dem ihr Leben oder ihre Freiheit aufgrund ihrer Rasse, Religion, Nationalität, Zugehörigkeit zu einer bestimmten sozialen Gruppe oder politischen Meinung bedroht wäre. Dennoch sind Pushbacks gängige Praxis.«

Frust statt Freiheit

Nach einer oftmals traumatischen Flucht erwartet die Neuankömmlinge eine massive Überraschung: Deutschland ist nicht das gelobte Land, das sie mit offenen Armen empfängt und ihnen sofort einen Neuanfang in Freiheit ermöglicht. Stattdessen unterliegen sie vom ersten Augenblick an einer streng geregelten Asylgesetzgebung, die ihnen jegliche Entscheidungs- oder Gestaltungsfreiheit nimmt. Es ist ihnen verboten zu arbeiten, stattdessen werden sie mit Lebensmitteln versorgt. Diese Lebensmittel sind ihnen jedoch oftmals fremd. Die staatlich organisierte Versorgung beginnt in den großen Erstaufnahmezentren des Bundes und soll laut Gesetzgeber von kurzer Dauer sein, kann sich aber über Monate hinziehen. Es folgt die Zuweisung auf Landesebene. Ob Eutin oder Passau: Wie Postpakete haben die Menschen keinerlei Einfluss darauf, wohin sie geschickt werden. Der Grad der Teilhabe liegt bei null. Oft passiert es, dass Familien oder Paare nicht gemeinsam registriert werden und daher in verschiedenen Bundesländern landen. Auch Jugendliche und junge Erwachsene über 18 Jahren erfassen die Behörden separat, weshalb sie häufig an anderen Orten landen als ihre Familie. Auf Landesebene dürfen jeweils Personen aus zwei Haushalten pro Zimmer untergebracht werden. Noch immer gilt ein striktes Arbeitsverbot. Dieses bleibt bestehen, bis der Status der Geflüchteten festgestellt wurde. Diese Statusfeststellung erfolgt fast immer auf Landesebene und ist Voraussetzung für eine mögliche Integration. Erst wenn der Status feststeht, können Kinder einen Kindergartenplatz erhalten oder die Schule besuchen. Auch Sprachkurse werden erst bewilligt, wenn der Status feststeht. Wer lediglich einen Abschiebestatus erhält oder nur geduldet ist, hat kein Recht auf staatliche Sprachförderung. Und selbst wer Anrecht darauf hat, muss oft mit langen Wartezeiten rechnen.

Nach einer eigenen Wohnung können sich die Neuankömmlinge erst umschauen, wenn ihr Status feststeht – oder frühestens nach zwei Jahren Aufenthalt mit ungeklärtem Status. Findet sich tatsächlich bezahlbarer Wohnraum, wartet die nächste Hürde: Wohnberechtigungsscheine sind an eine (Teil-)Beschäftigung gekoppelt. Sprich: **Ohne Job keine Wohnung, ohne Wohnung kein Job.** Wer Glück hat und an eine wohlwollende Kommune gerät, kann diesem Teufelskreis entkommen und aus der Geflüchtetenunterkunft ausziehen. Erst zu diesem Zeitpunkt haben geflüchtete Menschen die Chance auf Teilhabe und ein Zuhause, das sie sich zumindest bedingt selbst aussuchen. Sie bekommen eine einmalige Pauschale, mit der sie ihre Wohnung ausstatten können. Monate oder gar Jahre nach ihrer Ankunft in Deutschland entscheiden sie zum ersten Mal selbst, wo sie leben und wann ihre Tür offensteht. Nach der langen Zeit im Versorgungssystem müssen manche erst wieder lernen, selbstständig zu leben.

Die meisten kommen maximal motiviert in Deutschland an und schlucken anfangs alle Enttäuschungen hinunter. Sie halten sich an dem Gedanken fest: »Ich bin nur ein paar Tage in diesem Minizimmer, bald geht es für mich weiter.«

Je länger sie festsitzen und an gesetzlichen Hürden scheitern, desto stärker wächst jedoch ihr Ohnmachtsgefühl. Mögliche Folgen sind Frust, Perspektivlosigkeit und sogar Depression. Was die Resilienz ungemein fördert, sind positive Begegnungen mit Menschen. Ob Ehrenamtliche, Sachbearbeiterinnen oder Nachbarn: Finden sie jemanden, die oder der sie auf ihrem Weg durch die Instanzen begleitet, ihnen erklärt, was passiert und was sie beitragen können, macht das einen großen Unterschied. **Fehlt diese frühe Begleitung, wird die Integration ungemein schwer.**

So wie bei Ahmad aus Afghanistan. Er kam als Alleinreisender nach Deutschland. Auf seiner Flucht wurde er mit fünf anderen Menschen in einem abgeschlossenen Kofferraum transportiert, wo er beinahe erstickte. Als Nichtschwimmer überlebte er die Überfahrt über das Mittelmeer in einem Schlauchboot. Dabei musste er mit ansehen, wie ein Kind aus dem Boot fiel und ertrank. Nach zwei Jahren in Mehrbettzimmern von Asylunterkünften kann er trotz ungeklärtem Status in eines der Hoffnungshäuser in Baden-Württemberg ziehen. Seit der Flucht leidet Ahmad unter einer Posttraumatischen Belastungsstörung und depressiven Verstimmungen. Er will zurück in seine Heimat, weil er es nicht schafft, hier Fuß zu fassen. Doch seine Herkunftsfamilie lehnt seine Rückkehr ab. Nun, da die Taliban wieder an der Macht sind, sei er ihre einzige Hoffnung. Damit meinen sie vor allem das Geld, welches er ihnen schicken soll. Phasenweise hat Ahmad tatsächlich Arbeit. Doch Halt findet er keinen und unternimmt schließlich einen Suizidversuch.

Auch Familie Mohammadi hat Traumatisches erlebt – bereits in ihrer alten Heimat Afghanistan sowie auf der Flucht nach Deutschland. **Doch ihnen gibt die Wohnsicherheit und eine unterstützende Nachbarschaft entscheidenden Halt.** Aus dieser Sicherheit heraus zimmern sie sich einen Rahmen aus Deutschkenntnissen, Arbeit und Perspektive. Inzwischen wohnen sie seit sieben Jahren in einem der Hoffnungshäuser. Beide Eltern arbeiten, die älteste Tochter hat inzwischen ein Studium begonnen.

Holz statt Container

Familie Mohammadi ist angekommen und hat in Deutschland ein neues Zuhause gefunden. Die Familie ist in der Nachbarschaft gut vernetzt, die Kinder sind in Ausbildung und die Eltern gehen einer sozialversicherungspflichtigen Arbeit nach. Warum gibt es nicht viel mehr solcher Erfolgsgeschichten?

Neben dem oftmals langwierigen Asylverfahren ist wieder einmal die Wohnungsnot die große Bremse. Denn plakativ gesagt: Wer im Container in einem abgelegenen Industriegebiet sitzt, findet hierzulande nur schwer eine neue Heimat. Schließlich ist Heimat mehr als ein Dach über dem Kopf. Heimat steht auch für soziale Kontakte, ein wohlwollendes Umfeld und sinnvolle Tätigkeiten. Wen wundert da die Gewalt, die unter diesen Bedingungen entsteht?

Obwohl das Problem seit Jahren bekannt ist, verschärft sich die Wohnsituation für Geflüchtete in Deutschland weiter. Denn die Zahl an Geflüchteten ist hoch und viele Kommunen wissen nicht, wo sie die Menschen unterbringen sollen. Viele Bürgermeister beklagen den Mangel an angemessenem Wohnraum und beschreiben die Suche danach als oftmals hoffnungslos. Hinzukommt die Angst der Alteingesessenen vor den »Neuen«: Geschichten über Messerstechereien, Gewalt und Drogen führen sehr häufig zu massiven Protesten. In diesem politischen und gesellschaftlichen Spannungsfeld ist die öffentliche Verwaltung oft in der unangenehmen Sandwich-Position.

Immer wieder führt der eklatante Mangel an Wohnraum für Geflüchtete dazu, dass sie in leer stehenden Gebäuden untergebracht werden sollen. Die Idee mit der Umnutzung dieser Gebäude ist naheliegend, gestaltet sich aber in der Praxis insbesondere baurechtlich und technisch als langwierig und teuer. Die Lage ist meist ein weiterer Standortnachteil.

So ringt die Stadt Stuttgart seit einiger Zeit mit der Frage, ob aus dem Eiermann-Campus eine Landeserstaufnahmeeinrichtung (LEA)[53] werden soll. Die ehemalige IBM-Zentrale ist ein riesiger Komplex außerhalb der Stadt. Er steht seit 2009 leer – und unter Denkmalschutz. Es ist ein einleuchtender Gedanke, diese Gebäude mit Geflüchteten zu füllen. Doch es liegt auch auf der Hand, dass sich Menschen dort schwerlich zu Hause fühlen werden, ohne Kontakt zu Einheimischen und ohne Zugang zur städtischen Infrastruktur.

Baden-Württemberg hat andererseits beispielhafte Initiativen[54] gestartet, um mehr Wohnraum für Geflüchtete zu schaffen. In Ofterdingen zum Beispiel hat sich eine Baugemeinschaft daran gemacht, ein ehemaliges Gasthaus in Wohnungen zu verwandeln. Im »Goldenen Ochsen«, einem leer stehenden und denkmalgeschützten Gasthaus in der Ortsmitte, entstehen elf kleine Wohnungen. Die Gaststube, ein historisches Schmuckstück, soll zur Gemeinschaftsfläche werden. Das Projekt »Neustart Tübingen« will sogar Wohnraum für 400 Menschen schaffen. Getragen wird es von einer Genossenschaft, die Wohnen und Infrastruktur als Gemeingüter sieht und ein dauerhaft bezahlbares Wohnen auf Lebenszeit zum Ziel hat. Dort soll Vielfalt entstehen – mit verschiedenen Wohnformen und Wohntypologien, gezielter Belegungssteuerung, sozialer Infrastruktur und Gewerbe.

Neben Zelten gelten Stahlcontainer als schnelle Notlösung zur Unterbringung Geflüchteter. Sie sind praktisch, aber selten schön und definitiv nicht nachhaltig. Häufig werden sie als beliebtes lokalpolitisches Feigenblatt genutzt, um den Eindruck der kurzen temporären Überbrückung zu suggerieren. Aber sie sind nur eine Aufschiebung und Verschlimmerung der Probleme. Doch es geht auch anders: So hat die Stadt Radolfzell[55] 2024 eine große barrierearme Unterkunft für 60 Geflüchtete errichten lassen. Innerhalb von nur acht Arbeitstagen war die regendichte Hülle des insgesamt drei Stockwerke hohen Gebäudes fertig.

Der schnell errichtete Bau fügt sich mit seiner optisch ansprechenden Holzfassade ins Stadtbild ein. Denn anstatt der üblichen Stahlcontainer kamen fertige Holzteile in Elementbauweise zum Einsatz. Holz ist bekanntlich leichter und hat eine bessere CO_2-Bilanz als Stahl. Dennoch wird der Bau 80 bis 100 Jahre halten. Im Vergleich dazu halten klassische Containerwohnungen häufig nur zehn Jahre.

Ob wir in 100 Jahren noch Unterkünfte für Geflüchtete brauchen? Ich hoffe es nicht. Jedenfalls ist die Nachnutzung bereits Teil des Konzepts. Nichttragende Wände können im Nachhinein entfernt werden. So werden aus den Notunterkünften mit wenig Aufwand langfristig wertige Sozialwohnungen. Bis ins Detail vorgefertigte Elemente ermöglichen die hohe Qualität und kurze Bauzeit. Vom Waschbecken bis zur Klopapierhalterung werden selbst die Bäder fertig montiert angeliefert.

Der Baustoff Holz speichert pro Haus rund 250 Tonnen CO_2. Nur die Bodenplatte und die Treppenläufe sind aus Beton. Sollte das Gebäude zurückgebaut werden, können alle Bauteile gemäß der Kreislaufwirtschaft sortenrein ausgebaut werden. Für günstige Betriebskosten sorgen eine PV-Anlage und eine Luft-Wärme-Pumpe mit Fußbodenheizung. Das Beispiel zeigt: Container sind nicht die beste Lösung! Es gibt Alternativen, die genauso schnell und kostengünstiger funktionieren und dabei schöner und sogar nachhaltig sind.

Diese Projekte sind ein wichtiger Teil der WOHNWENDE, die soziale und kulturelle Integration fördern kann.

Migration braucht Lösungen

Migration ist neben dem Klimawandel eine der größten Herausforderungen unserer Zeit. Da sich eine ganze Regalwand darüber füllen ließe, beschränke ich mich mit Blick auf das Thema Wohnen in diesem Kapitel auf die – zugegebenermaßen äußerst heterogene – Gruppe der Älteren und der Geflüchteten in Deutschland. Dabei soll der Zusammenhang zwischen Migration und Klimawandel nicht unter den Tisch fallen. Denn was bewegt Menschen zur Flucht oder Migration? Es sind Konflikte, wirtschaftliche Instabilität, aber auch zunehmend klimatische Veränderungen. Für die neue Heimat der Migrantinnen und Migranten wirft dies soziale, politische und wirtschaftliche Fragen auf. Der Klimawandel verschärft diese Problematik noch, indem er die Lebensbedingungen in vielen Teilen der Welt beeinträchtigt und damit die Migration weiter antreibt. Beide Phänomene sind eng miteinander verknüpft und erfordern koordinierte, nachhaltige Lösungsansätze auf globaler Ebene. **Angesichts einer solch enormen Herausforderung fühlen wir uns als Einzelne oft ratlos. Dabei lässt sich Schritt für Schritt etwas bewegen.**

Darüber spreche ich mit Angelika Röhm, der Geschäftsführerin Hoffnungshaus. Mit ihrem Mann Thomas hat sie das Hoffnungshaus Leonberg nicht nur aufgebaut – die beiden leben mit ihren Kindern selbst in dem multikulturellen Mehrgenerationenhaus. »Migration in Deutschland ist nach wie vor ein komplexes und herausforderndes Thema! Für mich ist offensichtlich, dass Migration ein fester und selbstverständlicher Bestandteil unserer globalen Welt ist. Jedes Land, auch wir in Deutschland, müssen uns damit auseinandersetzen, inklusive der Krisenherde, die Menschen veranlassen, ihre Heimat zu verlassen. Ich denke definitiv, Migration ist auch eine Chance, Neues miteinander so zu gestalten, dass es den Ansprüchen unserer globalen Welt gerechter wird«, sagt Angelika.

Ich frage sie, was wir in Deutschland besser machen können, damit die Integration von Geflüchteten gelingen kann.

Damit die Menschen hier ankommen können, brauche es Wohnraum in der Mitte der Gesellschaft, nicht am Rand. Wünschenswert seien deutsche Nachbarn, mit denen man ins Gespräch kommen kann, genauso wie kurze Wege, zum Beispiel zum Einkaufen. Drittens seien Begegnungsflächen wichtig, denn in unserer Kultur leben selbst Nachbarn oft wortlos nebeneinanderher.

Angelika weiß, wovon sie spricht, denn sie lebt diese drei Wünsche bereits: Die Hoffnungshäuser stehen für Integration durch lebendige Beziehungen. In diesem Wohnkonzept leben Geflüchtete oder sozial benachteiligte Menschen mit solchen, die mitten im Leben stehen, gemeinsam unter einem Dach: Familien, Paare, Alleinstehende – alle wohnen in vorwiegend geförderten Mietwohnungen und einer aktiven Hausgemeinschaft, die nach innen und außen wirkt. Begegnungen und Feste, wie Kindergeburtstage, finden auf der Gemeinschaftsfläche statt, die alle Bewohnenden nutzen können. Damit fördern sie auch das Miteinander von Jung und Alt, worauf ich am Ende dieses Kapitels eingehen werde.

Wo Alte und Neue aufeinandertreffen

Auf den ersten Blick haben alte und geflüchtete Menschen in Deutschland wenig Berührungspunkte. Einer davon ist jedoch das Thema Pflege. Wie bereits erwähnt, ist der Pflegebedarf in Deutschland gewaltig. Und viele Neuankömmlinge suchen Arbeit. Dieser Tatsache tragen diverse Initiativen zur Integration von Geflüchteten in die Pflegebranche Rechnung. Sie kümmern sich um die Qualifizierung und Anerkennung ausländischer Pflegeabschlüsse, um dem Fachkräftemangel entgegenzuwirken. Laut Bundesregierung waren Stand Juni 2023 rund 21 100[56] Menschen mit Flucht- oder Migrationshintergrund in der Pflege beschäftigt. Was nach einer Win-win-Situation klingt, droht in der Praxis immer wieder an Vorurteilen zu scheitern. Eine Studie der Hans-Böckler-Stiftung[57] berichtet von Fällen, in denen nicht deutsche Pflegekräfte Opfer von Rassismus und latenter Fremdenfeindlichkeit wurden. So leben Demenzkranke oft in ihrer Erinnerung. Werden zwischen 1933 und 1945[58] aufgewachsene Menschen von ausländischen Pflegekräften betreut, kann dies zum Problem werden. Auch seitens der Angehörigen treten Vorurteile zutage, in Kommentaren wie: »Hier arbeiten ja gar keine Deutschen mehr.«

Doch im täglichen Miteinander werden solche Ressentiments zum Glück immer wieder entkräftet. Wenn Frau Müller, die seit einigen Jahren allein lebt und sich kaum noch selbst versorgen kann, Besuch von Pfleger Amir bekommt, zählt für sie vor allem die menschliche Wärme und Zuwendung, die er ihr entgegenbringt. Amir hört ihr zu, wenn sie von früher erzählt, hilft ihr beim Ankleiden und sorgt dafür, dass sie ihre Medikamente nicht vergisst. Sie hat von ihm sogar einige arabische Wörter gelernt und freut sich jedes Mal, wenn er ihr »Guten Morgen« auf Arabisch wünscht.

Auch Herr Schmidt hat seine früheren Bedenken gegenüber »den Fremden« abgelegt, seitdem Leyla, eine junge Pflegerin aus dem Iran, sich um ihn kümmert. Sie bleibt geduldig, wenn er mal wieder stur ist und nicht essen will, und ihre ruhige Art hat eine unerwartet beruhigende Wirkung auf ihn. Sie hat durch die Arbeit Zugang zur deutschen Kultur gefunden und fühlt sich inzwischen als wertvoller Teil der Gesellschaft. **Integration ist im besten Sinne ein Geben und Nehmen.**

Wie wertvoll dieses Geben und Nehmen gerade für Alte und Neuankömmlinge ist, zeigt ein Blick auf den Campus in Schwäbisch Gmünd. Dieser vereint seit 2019 Mehrgenerationenwohnen mit interkulturellen Aspekten. In sechs einander zugewandten Gebäuden leben zum einen ältere Menschen in 21 barrierefreien Wohnungen, davon zwei Penthouse-Wohnungen. Zum anderen gibt es hier 24 Wohnungen für Geflüchtete und Menschen aus der Mitte der Gesellschaft. Wie die gut situierte Dame Mitte 70, die ihr großes Haus verkauft hat und lieber in bunter Gemeinschaft alt werden möchte. Sie hat zwar eigene Kinder und Enkel, doch die leben weit entfernt. Mit Begeisterung hilft sie den Kindern ihrer syrischen Nachbarn bei den Hausaufgaben oder geht mit dem Baby spazieren. Die syrische Mama lädt sie im Gegenzug zum Essen ein und schaut nach ihr, wenn sie krank ist. Beide empfinden es als großes Glück, ein lebenswertes Zuhause in Gemeinschaft gefunden zu haben.

Auf dem Campus sollen persönliche Bedürfnisse und Interessen berücksichtigt und tragfähige soziale Beziehungen gefördert werden.

Leonie Frank unterstützt das Projekt als Sozialarbeiterin: »Unterschiedliche Kulturen und Generationen zusammenzubringen, Interessen und Bedarfe zu bündeln und eine Hausgemeinschaft zu gestalten,

macht mir Spaß. So entstehen Nachhilfe, Lernunterstützung, Sprachaustausch, Kinderbetreuung oder -programme, gemeinsame Backaktionen, Seminare von und für Bewohner und vieles mehr.«

Ein Zuhause gefunden hat hier auch Frau M., die nur 800 Euro Rente
im Monat erhält und vor dem Einzug unter Einsamkeit litt, da sie keine
Verwandten hat. Als sie einige Zeit im Krankenhaus verbringen musste,
bekam sie Besuch von ihren Nachbarinnen und Nachbarn.

Angelika Röhm erzählt mir von einem bewegenden Moment: »Wir
standen zu fünft um ihr Krankenbett, als die Visite kam. Sie erklärte
dem zuständigen Arzt: ›Das ist meine Familie, die geben mir Halt und
helfen mir, Entscheidungen zu treffen.‹«

Kalid aus Syrien hat nach seiner Ankunft im Hoffnungshaus ebenfalls Wurzeln geschlagen. 2015 floh der damals 19-Jährige vor dem Krieg
aus Syrien. Gemeinsam mit einem Freund und seinem Cousin kam er
zunächst in einer Berliner Notunterkunft unter. »Wir drei waren gut
drauf und haben direkt im Camp mit angepackt, sodass man uns sogar
mit den Mitarbeitenden verwechselt hat«, resümiert er lachend.

Der nächste Schritt war eine Unterkunft in einer amerikanischen Kaserne in Hardheim in Baden-Württemberg. »Die Kaserne selbst war gut,
sauber und gepflegt, aber der Aufenthalt war wie im Gefängnis – mit
Sperrzeiten.«

Kalid und seine Begleiter hatten Glück, bereits nach drei Monaten
bekamen sie die Erlaubnis, umzuziehen. In einer Sporthalle mit rund
1500 anderen Menschen kamen sie unter und lernten dort Angelika
Röhm und ihren Mann Thomas kennen. Ende 2016 zog Kalid in das
neu eröffnete Hoffnungshaus in Leonberg und lebte dort bis 2019. »Ein
Cousin, mein Freund und ich sind dort mit zwei Deutschen in eine WG
gezogen. Es war ein guter Schritt im Leben für uns drei. Ich ›wohnte‹
jetzt, also mit Rückzugsraum, konnte mich wieder wie ein normaler
Mensch fühlen und anfangen, mein Leben weiter zu planen. Ich hatte
einen Computer und Internet, meine eigenen Sachen, einen Zimmerschlüssel. Und es gab Unterstützung, die Menschen waren wie Freunde.
Niemand hat uns verurteilt. Deshalb hatte ich keine Angst, offen und

ich selbst zu sein. Ich spürte auch Unabhängigkeit, eine Erholung von dem, was zuvor war – ich war weder abhängig noch isoliert. Wir lebten mitten im Wohngebiet von Leonberg und nicht so isoliert von allem, wie es bei den vorherigen Wohnheimen der Fall war. Vor allem für junge Leute wie uns war das ganz wichtig. Wir hatten ja keine Familien, sondern waren alleine.«

Daheim statt nur versorgt

Wohnungsnot, Einsamkeit, Geldmangel, Entmündigung, Sehnsucht nach einem Zuhause und nach sozialer Teilhabe: Bei näherem Hinsehen gibt es überraschend viele Parallelen zwischen geflüchteten und älteren Menschen in Deutschland. **Alte wie neue Mitbürger sind Menschen mit individuellen Geschichten, Wünschen und Sehnsüchten. Sie suchen mehr als nur ein Dach über dem Kopf – sie sehnen sich nach einem Umfeld, in dem sie sich zu Hause fühlen können.** Der Verlust der vertrauten Heimat wiegt schwer, weshalb sie auf dem Weg in ein neues soziales Gefüge besondere Unterstützung benötigen.

Ehrenamtliche leisten dabei wertvolle Beiträge, sei es als Mentorin, Besuchsdienst, Hospizdienst oder Lesepaten. Doch die Tragweite ist zu groß, um sie auf das Ehrenamt abzuwälzen. Vielmehr können wir uns als Einzelne nach dem Resonanzprinzip um andere kümmern. Als Gesellschaft können wir darauf hinwirken, die Versorgungsmentalität zugunsten eines echten Daheimgefühls abzulösen. Der erste Schritt ist, Gebäude zur Verfügung zu stellen. Doch dann müssen wir uns auch auf die Menschen darin einlassen und ihnen helfen, damit in und um diese Gebäude herum ein buntes Zusammenleben aufblühen kann. Dies ist unsere Chance, unsere gesellschaftliche Entwicklung positiv zu gestalten. Wer nur gegen etwas ist und in Angst erstarrt, verhindert die Möglichkeit eines Zuhauses für uns alle.

KAPITEL 5

Visionen von gestern

Haben Sie sich jemals gefragt, warum wir so wohnen, wie wir wohnen? Gemeinsam tauchen wir ein in die Geschichte unserer Wohn- und Arbeitswelten. Nur wer die Vergangenheit versteht, kann die Zukunft durch neue Narrative gestalten.

Kennen Sie das? Es ist Montagmorgen und Sie stehen schon wieder im Stau. So geht es mir auch oft. Zwar sind es von meinem Zuhause bis ins Büro nur 30 Kilometer. Dazwischen liegt jedoch Deutschlands Stauhauptstadt: Stuttgart.[59] Deshalb fahre ich morgens vor dem großen Stau und abends, sobald die Straßen wieder leerer sind. Leider komme ich nicht mit dem Fahrrad oder zu Fuß ins Büro.

Als Pendler sind wir hierzulande in guter Gesellschaft. Rund 60 Prozent der Berufstätigen in Deutschland pendeln.[60] Über die Bundesstraße oder die Autobahn geht es Richtung Arbeitsplatz. Im besten Fall führt die Fahrt nur bis zum nächsten Park & Ride und von dort geht es mit dem Zug oder einer automobilen Mitfahrgelegenheit weiter. Der Großteil der Pendler fährt allerdings mit dem eigenen Auto bis zur Arbeitsstelle.[61] Wenn ich die Zeit zusammenrechne, die ich auf der Straße und im Büro verbringe, dann kann ich nicht davon sprechen, dass mein zeitlicher Lebensmittelpunkt zu Hause liegt, auch wenn es rechtlich so bewertet wird.

Warum liegen Wohnen und Arbeiten so weit auseinander?

Beim Ärger über vergeudete Lebenszeit auf verstopften Straßen und in überfüllten, unpünktlichen Zügen denken wir selten darüber nach, warum wir so wohnen und arbeiten, wie wir es eben tun. Haben Sie sich schon mal gefragt, warum das so ist?

Es scheint für uns ganz »normal« und selbstverständlich zu sein. **Dabei ist die räumliche Trennung von Wohnen und Arbeiten ein relativ junges Phänomen.** Auch wenn es bereits im Mittelalter Lohnarbeit gab, überwogen bis ins 20. Jahrhundert die bäuerlichen Strukturen und Handwerkerhaushalte: Wohnen und Arbeiten fand für die allermeisten unter einem Dach oder in nächster Nähe zueinander statt. Erst mit zunehmender Industrialisierung und Verstädterung entstand die räumliche Trennung zwischen Wohn- und Arbeitswelt. Die zweite Welle der Industrialisierung brachte die großindustrielle Massenproduktion mit sich. Erfindungen wie die Elektrizität wirkten sich auch auf das Sozialleben aus. In Deutschland entstanden Fabriken und Industrieanlagen in städtischen Zentren. Die Produktion wuchs. Dafür wurden viele Arbeitskräfte benötigt. So verdoppelte sich etwa die Bevölkerung von Berlin zwischen 1875 und 1910 – von knapp einer Million auf über zwei Millionen.[62] In den rasant wachsenden Mietskasernen der Gründerzeit teilten sich oft mehrere Familien kleine Wohnungen mit nur einem oder zwei Zimmern, und es gab meist keine eigenen sanitären Anlagen. Die Hinterhöfe der dicht bebauten Blocks waren dunkel und schlecht belüftet, was die Lebensbedingungen weiter verschlechterte und die Ausbreitung von Krankheiten begünstigte.

Wie konnte möglichst schnell ausreichend Wohnraum bereitgestellt, hygienische Bedingungen verbessert und Infrastruktur geschaffen werden? Eine Stadtplanung musste her. Diese teilte Städte nach funktionalen Gesichtspunkten wie Arbeit, Konsum und Wohnen auf. Breite Straßen oder Flüsse dienten als Markierungen zwischen den Vierteln. Während das Bürgertum seine Villen am Stadtrand errichtete, lebten die Arbeiterfamilien oft in mehrstöckigen Mietshäusern, sogenannten Mietskasernen.

Wer es sich leisten konnte, wohnte nicht direkt neben den Fabrikschloten, denn dort war es laut und dreckig. Immer mehr Menschen zogen deshalb an den Rand der überfüllten städtischen Zentren, während die Arbeitsplätze in den Städten konzentriert blieben. Vororte versprachen bessere Wohnbedingungen. Damit entstand ein Traum, den bis heute viele Menschen in Deutschland hegen: das Einfamilienhaus mit Garten in der Vorstadt.

Wie jede umwälzende Veränderung hatte auch die Industrialisierung ihre Nebenwirkungen. Sie entwurzelte Menschen, sowohl räumlich als auch sozial. Traditionelle Gemeinschaften und soziale Strukturen gingen vielerorts verloren. Die Arbeitsteilung war und ist zwar effizient, doch sie führte zu einem Gefühl der Fremdbestimmung und entzog Menschen die Eigenverantwortung für ihre Arbeit. Umso wichtiger war es, sich zu Hause sicher und geborgen zu fühlen. Dieses Bedürfnis spiegelte sich im Traum vom eigenen Zuhause wider. Wie das biblische Paradies stand (und steht bis heute) das Eigenheim für Sicherheit und Geborgenheit, für Gemeinschaft sowie Naturnähe und eine Abkehr von den Zwängen des Alltags. Der Gartenzaun ums eigene Heim wurde zum Sinnbild für diese Sehnsucht nach Sicherheit.

Entstanden ist der Traum vom Eigenheim also infolge der Industrialisierung, die wirtschaftlichen Aufschwung, technologischen Fortschritt und neue Verkehrsmittel mit sich brachte. Die Menschen konnten nun einfacher längere Strecken zwischen Wohn- und Arbeitsort zurücklegen und weiter entfernt von ihren Arbeitsplätzen wohnen. So entwickelte sich im Laufe des 20. Jahrhunderts unser »moderner« städtischer Lebensstil, mit dem das Pendeln zur Norm wurde.

Mein Haus, mein Auto, mein Gartenzaun

Auch wenn die Wurzeln des Traums vom Eigenheim bis ins 19. Jahrhundert zurückreichen – Einfamilienhäuser stehen bis heute für den Wunsch nach großzügigem Wohnraum für sich und die ganze Familie. Immer noch lautet das konventionelle Lebensziel vieler Menschen: »Gründe eine Familie, kaufe ein Auto und schaffe dir ein Eigenheim an.« Doch die zunehmende Wohnungsnot, der Verkehrsinfarkt und vor allem die klimatischen Veränderungen zeigen den endlosen Einfamilienhausreihen die Rote Karte.

Für den Architekturkritiker Klaus Englert[63] hat das Bild von der bürgerlichen Wohnung als Schutz vor der Außenwelt längst ausgedient. Genauso wie der Traum vom Eigenheim im Grünen. »Im Grunde ist dieses Ideal von den wenigsten heute finanziell einzulösen, es sei denn, sie strampeln sich ihr Leben lang ab.« Dazu wachse die Einsicht, dass sich durch das Eigenheim im Grünen unsere Abhängigkeit vom Auto nicht lösen lässt und auch die dramatische Flächenversiegelung nur noch weiter zunimmt.

Was ich persönlich an Einfamilienhäusern herausfordernd finde, ist der unsichtbare Leerstand. Denn die rund 17 Millionen Einfamilienhäuser in Deutschland werden von relativ wenigen Menschen bewohnt. Ehemalige Kinderzimmer stehen nach dem Auszug der Sprösslinge in der Regel leer, der Wohnflächenbedarf pro Person wird dadurch sehr hoch. Im Alter fällt es den verbleibenden Bewohnern – statistisch gesehen sind alleinstehende Frauen die größte Gruppe – vielfach schwer, Haus und Garten in Schuss zu halten. Oft ist der eigene Bewegungsradius so eingeschränkt, dass nur noch ein Teil des Hauses bewohnt wird. Ein Bekannter erzählte mir, dass seine Mutter ihn kürzlich bat, im Dachgeschoss nachzuschauen, ob dort alles okay sei, da sie seit zwei Jahren nicht mehr oben gewesen sei.

Genau genommen lässt sich der Traum vom Einfamilienhaus nur noch dann sozial und ökologisch vertreten, wenn das Haus bereits gebaut ist und von einer mehrköpfigen Familie oder Gruppe bewohnt wird. Denn ein Zuhause zeichnet sich durch Beziehungen und Gemeinschaft aus und nicht durch Einsamkeit. Selbst die ersten uns bekannten Siedlungen bestanden nicht aus weit verteilten Ein-Personen-Hütten mit großen Gärten, sondern die Menschen kochten, arbeiteten und lebten gemeinsam unter einem Dach. Hier war alles an einem Ort dicht beieinander vereint, es gab keine Trennung von Arbeit und Zuhause.

Keine Wohn- und Arbeitsform verkörpert dies so sehr wie der Bauernhof. Der Bauernhof war die erste Heimat des Menschen. Ohne Landwirtschaft wäre Sesshaftigkeit nie möglich gewesen.

Bauernhof: der Traum von Freiheit

Auf dem Tisch meiner Nachbarn steht Brot und Butter von den eigenen Kühen. Dazu gibt es Leberwurst in Dosen – hergestellt aus dem Fleisch der eigenen Schweine. Ich sitze auf der Eckbank neben den Erwachsenen und schmiere mir nach dem schönen und anstrengenden Sommerferientag noch ein Leberwurstbrot mit ordentlich Butter und Senf obendrauf. Gemeinsam mit den anderen Erntehelfern habe ich tagsüber auf dem Feld bei der Getreideernte mit angepackt. Ich bin der Jüngste in der Runde, doch ich gehöre dazu und darf mithelfen. Glück pur!

Damals, noch vor unserem Umzug nach Celle, lebte ich mit meinen Eltern und zwei Brüdern in einem kleinen Dorf in Niedersachsen. Die Eltern meiner Freunde hatten mehrheitlich landwirtschaftliche Betriebe oder zumindest noch einen Stall am Haus. Aus einzelnen Höfen war mit der Zeit das Dorf entstanden. Traditionell übernahm eines der Kinder den Hof, in der Regel der älteste Sohn. Die anderen Kinder zogen weg oder bauten Einfamilienhäuser neben dem Hof oder am Rand des Dorfes.

Nachmittags und in den Ferien half ich auf dem Hof in der Nachbarschaft mit. Der Bauernhof war mein zweites Zuhause. Frühmorgens Tiere füttern und Kühe melken, nach der Frühstückspause mit dem Trecker aufs Feld, Mittagspause, weiterarbeiten, am Abend, nachdem der Stall gerichtet war, wieder gemeinsam essen, beisammensitzen und reden. Die Jahreszeiten gaben den Lebensrhythmus vor. Im Sommer und Herbst wurde auf den Feldern geackert und geerntet, oftmals auch am Wochenende oder am Abend, weil das Getreide vor dem Regen eingeholt werden musste. Im Winter war Zeit, um Maschinen zu reparieren. Auch wurde im Herbst und Winter gemeinsam geschlachtet.

Auf dem Bauernhof lebten die Menschen in Abhängigkeit von der Natur und voneinander – und gleichzeitig in einem Kollektiv, das ihnen ein Zuhause gab. Hier entstand etwas Gemeinsames, man konnte es wachsen sehen und lebte als menschliche Gemeinschaft mit und von dem Land, das einen umgab.

Deshalb fasziniert er mich mit seiner Ursprünglichkeit und der Idee der Selbstversorgung bis heute. Und nicht nur mir geht es so: Viele Menschen spüren in sich eine Sehnsucht nach Natur, die im Alltag des (Büro-)Jobs ungestillt bleibt. Manche widmen sich liebevoll ihren Zimmerpflanzen, ziehen Kräuter am Küchenfenster, pflegen den (Gemeinschafts-)Garten oder betreiben Guerilla Gardening. Andere machen es sich auf dem Sofa gemütlich und schmökern in rustikalen Lifestyle-

Magazinen. »Landlust«, »Meine Landküche« oder »LandIDEE« – es gibt eine Flut von Zeitschriften, die die ländliche Idylle preisen.

Hinter der Begeisterung für das Landleben steht eine tiefere Wahrheit: Landwirtschaftliche Gemeinschaften sind unser aller Ursprung. Aus ihnen haben sich Dörfer und später Städte entwickelt. Es sind gewachsene Strukturen, die soziale und wirtschaftliche Bedürfnisse erfüllen. Heute lebt die Mehrheit der Menschen in urbanen Gegenden. Doch die Sehnsucht nach dem ursprünglichen Leben auf dem Land lässt viele nicht los. Im Spannungsfeld zwischen Stadt und Land suchen Menschen nach ihrer persönlichen Freiheit.

Macht Landluft freier?

Im Mittelalter hieß es, »Stadtluft macht frei«, weil Leibeigene vor ihren Grundherren in die Städte fliehen und dort untertauchen konnten. In den vergangenen Jahrzehnten wuchs jedoch bei vielen die Sehnsucht, aus den Stadtzentren zurück in die Natur zu ziehen. In Wellen kehren immer wieder Menschen der Stadt den Rücken. Sie gründen eine Familie und tauschen die Stadtwohnung gegen das Reihenhaus im Vorort. Sie ziehen zum Beispiel aus Frankfurt in ländlichere Regionen wie den Taunus oder den Vogelsberg. Oder von München raus nach Ebersberg oder Eching. Sie wünschen sich mehr Platz, mehr Naturverbundenheit, mehr Ruhe oder mehr Gemeinschaft. Viele wollen weg von der Hektik der Großstadt. Die Digitalisierung und die Möglichkeit, im Homeoffice zu arbeiten, verstärken diesen Trend. Auch die Corona-Pandemie war ein Booster, denn plötzlich versprach das zersiedelte Landleben mehr Lebensqualität und räumliche Freiheit, als es die Stadtluft mit der geforderten sozialen Distanzierung bieten konnte.

Doch die Gleichung »Raus aus der Enge, rein in die Weite« geht oft nicht auf. Denn sie basiert nicht selten auf verklärten Vorstellungen von Landlust und Landidylle.

Vor Kurzem kamen meine Frau und ich im Allgäu mit einem Wirtsehepaar ins Gespräch. Die beiden stammen aus Heilbronn, wo sie jahrelang ein Lokal betrieben hatten. Als sich die Gelegenheit bot, im Allgäu einen Landgasthof zu kaufen, griffen sie zu. Doch die ersten Jahre auf dem Dorf waren schwierig. Als Zugezogene wurden sie kritisch beäugt.

»Obwohl wir uns in der Nachbarschaft gleich persönlich vorgestellt hatten, dauerte es vier Jahre, bis unser direkter eigenbrötlerischer Nachbar zum ersten Mal in unsere Wirtsstube kam. Er sah sich um und sagte: ›Do händ'r ebbas Guats g'schafft!‹ (›Da habt ihr was Gutes geschafft!‹) Das war der Ritterschlag für uns. Seither kommt er regelmäßig und trinkt sein Bier bei uns.«

Doch es gibt auch andere Fälle, in denen Menschen frustriert dem Land den Rücken kehren und zurückziehen in die Stadt, weil ihnen zum

Beispiel gute Restaurants, Kultur und Ärzte fehlen. Wie so oft gilt auch hier: Es gibt keine Lösung, die für alle passt.

Geschichten schaffen Gemeinschaft

Bauernhöfe und Dörfer sind die Keimzelle menschlicher Siedlungen. Sie beruhen nicht auf politischen oder stadtplanerischen Visionen, sondern sind organisch gewachsen. Ihre Größe hängt eng mit der Fähigkeit des Menschen zu sozialen Beziehungen zusammen. Laut dem britischen Psychologen und Anthropologen Robin Dunbar hat diese Fähigkeit eine klare Grenze: 150.[64] Diese sogenannte »Dunbar-Zahl« besagt, dass jede einzelne Person nicht mehr als 150 soziale Beziehungen zeitgleich pflegen kann. **Die Zahl 150 entspricht ungefähr einer Dorfgemeinschaft, einem Nomadenstamm oder einem aktiven Sportverein.** Danach stoßen wir als soziale Wesen offensichtlich an eine Kapazitätsgrenze – wir können uns nicht mehr merken, woher wir bestimmte Personen kennen, und nicht genügend Zeit aufbringen, um weitere Beziehungen zu pflegen.

Der Historiker und Autor Yuval Noah Harari erklärt, dass Menschen sich großen Gemeinschaften wie Stadtvierteln, Kirchen oder Parteien zugehörig fühlen können, weil diese die einzigartige Fähigkeit haben, Geschichten zu erzählen. Diese Geschichten geben den Menschen eine gemeinsame Identität und verbinden sie, um an großen Zielen zu arbeiten. Harari ist überzeugt, dass genau das der Schlüssel für den Erfolg der Menschheit ist. In seinem TED-Talk »Why humans run the world« verdeutlicht er das mit einem einfachen Beispiel: Ein Schimpanse würde niemals eine Banane hergeben, wenn man ihm verspricht, dass er nach seinem Tod im »Schimpansenhimmel« viele Bananen für gute Taten bekommen würde. Er würde diese Geschichte nicht glauben. Menschen hingegen glauben an solche Geschichten, und deshalb können sie ihre Kräfte bündeln, auf ein gemeinsames Ziel hin ausrichten und so die Welt gestalten.

Aber was hat das mit dem Thema Wohnen zu tun? Sehr viel. **Unsere Wohnwelt ist kein Zufallsprodukt, sondern das Ergebnis gemeinsa-**

mer Ideen, Visionen, Träume und Kompromisse. Überall dort, wo Gemeinschaften größer als 150 Menschen wurden, haben Geschichten und gemeinsame Vorstellungen geholfen, Strukturen zu schaffen. Das mag abstrakt klingen, wird aber durch historische Beispiele anschaulich.

Le Corbusier – eine Maschine zum Wohnen

Wild wachsende Städte mit schlechten Wohnbedingungen und entsprechender Wohnungsnot für die breite Bevölkerung – das rief nach 1900 verschiedene Reformbewegungen auf den Plan. Eine davon war die Vision einer funktionalen Stadt der Moderne. Zu ihren bekannten Vertretern zählt der Franzose Le Corbusier. Von ihm stammt das Zitat: »Das Haus ist eine Maschine zum Wohnen.«[65] Es unterstreicht seine Überzeugung, dass Gebäude nicht nur ästhetisch, sondern vor allem funktionelle Werkzeuge sein sollten. Sein Ziel: Architektur, die das Leben der Bewohnerinnen und Bewohner verbessert. Dabei setzte sich Le Corbusier bereits mit der Theorie der Bevölkerungsentwicklung, der Zunahme des privaten Verkehrs und einer damit einhergehenden Überlastung der Innenstädte auseinander. Typisch für den Ansatz der funktionalen Stadt ist daher nicht nur die Architektur, sondern die Gliederung der Stadt in ihre Funktionsbereiche Wohnen, Arbeiten, Freizeit und Verkehr – eine Weiterentwicklung dessen, was im Zeitalter der Industrialisierung begonnen hatte.

Ordnung und Geradlinigkeit prägten die architektonischen Entwürfe von Le Corbusier genauso wie sein Menschenbild. Er wollte die Stadtzentren entlasten, den Flächenverbrauch verringern und die Grünflächen vergrößern. Deshalb sah sein radikales Modell der Großstadt vor allem Wolkenkratzer und vielgeschossige Bauten vor. Seine erste »Wohnmaschine« errichtete er im französischen Marseille. Später entstanden weitere Exemplare der »Unité d'Habitation«, zu Deutsch »Wohneinheit«, darunter in den 1950er-Jahren das Corbusierhaus am Olympiastadion in Berlin. Nach anfänglichen Kontroversen mauserte es sich in den 1960er-Jahren in Architekturkreisen zu einem Symbol des Modernismus. Etliche

Renovierungsmaßnahmen später steht es heute unter Denkmalschutz. Das Corbusierhaus in Berlin ist eine Attraktion für Touristen und Architekturliebhaberinnen aus der ganzen Welt. Durchsetzen konnte sich die Idee von der Wohnmaschine am Ende nicht.

Le Corbusier prägte das heutige Wohnbild durch seine Vision von funktionalem, platzsparendem Bauen und der Integration von Grünflächen. Seine Konzepte beeinflussten moderne Architektur, insbesondere im Hochhausbau, und legten den Grundstein für viele urbanistische Ideen. Auch wenn seine Vorstellung von Hochhausstädten nicht umgesetzt wurde, sind seine Entwürfe wie das Corbusierhaus in Berlin wichtige Symbole des Modernismus und dienen als Inspiration für nachhaltige Stadtplanung und innovative Wohnkonzepte.

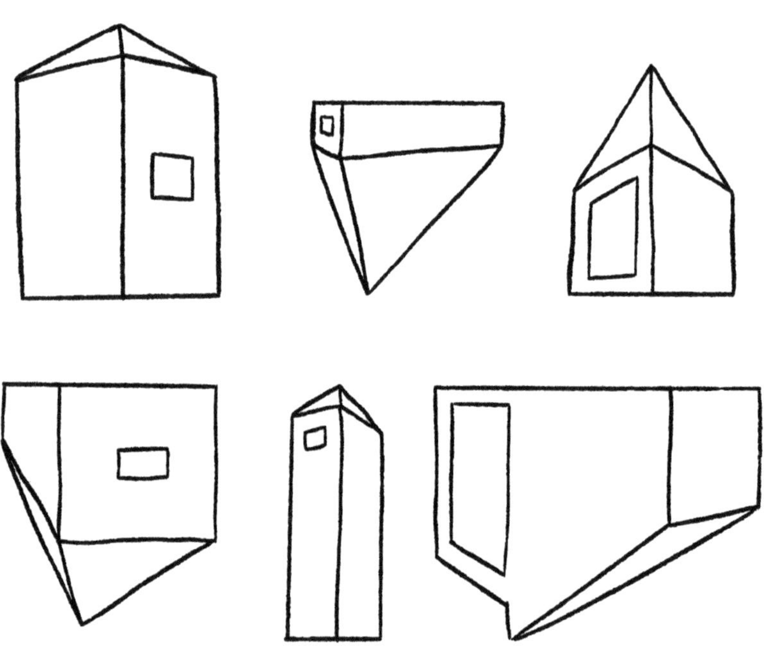

Bauhaus – Leitbilder und Wohnvisionen

Das Bauhaus war eine revolutionäre Bewegung in Architektur und Design, die in den 1920er-Jahren von Walter Gropius gegründet wurde. **Ziel des Bauhauses war es, modernes Design zugänglicher zu machen und funktionale, bezahlbare Wohnkonzepte für breite Bevölkerungsschichten zu entwickeln.** Die Bauhaus-Idee setzte auf klare Linien, einfache Formen und den Grundsatz »Form folgt Funktion«. Doch damals stießen die radikalen Ansätze auf Kritik, da viele Menschen die minimalistische Ästhetik als ungewohnt empfanden. Dennoch bleibt das Bauhaus ein Meilenstein moderner Gestaltung und ein Symbol für Innovation im Wohnen. Es hat unser heutiges Wohnbild durch klare Linien, Minimalismus und funktionales Design nachhaltig geprägt. Offene Grundrisse, lichtdurchflutete Räume und multifunktionale Möbel, wie Klappstühle oder Wohn-Arbeitskombinationen, gehen direkt auf diese Ideen zurück und beeinflussen moderne Wohnarchitektur. Zudem hat das Bauhaus die Demokratisierung von Design gefördert, indem es gutes, bezahlbares Design für alle zugänglich machen wollte. Die Standardisierung von Bauelementen und die modulare Bauweise ermöglichen bis heute effizientes und kostengünstiges Bauen. **Damit hat das Bauhaus unser Verständnis von Wohnen als funktionales und zugleich ästhetisches Konzept revolutioniert.**

Gartenstadt – zurück zur Natur

Raus aus der städtischen Enge, hin zu naturnahem Wohnen: Dieser Sehnsucht trug eine weitere Reformbewegung Rechnung – die Gartenstadt. Während der funktionale Städtebau die Großstadt neu erfinden wollte, zielte die Gartenstadtbewegung darauf ab, diese aufzulösen. Die Idee der Gartenstadt geht zurück auf den Briten Ebenezer Howard und sein Buch »Garden Cities of To-Morrow«. Er wollte die Vorteile von Land- und Stadtleben vereinen und die Großstadt als solche aufheben. In kompakten Siedlungen mit viel Grünfläche sollten Menschen naturnah wohnen und arbeiten. Die erste Gartenstadt entstand in New York bereits Ende des 19. Jahrhunderts: Garden City auf Long Island.

Deutschlands erste Gartenstadt nach englischem Vorbild war Hellerau bei Dresden. Kernstück von Hellerau sind noch heute die »Dresdner Werkstätten für Handwerkskunst«.[66] In der 1909 gegründeten Stadt bilden Wohnen und Arbeit, Kultur und Bildung eine Einheit. Bis heute prägen Wohnhäuser, Landhäuser, ein Markt, Geschäfte, ein Festspielhaus und soziale Einrichtungen das Bild der Siedlung. Ein weiteres Beispiel für gesundes und modernes Wohnen Anfang des 20. Jahrhunderts ist die 1906 von Margarethe Krupp gestiftete Margarethenhöhe in Essen. Übrigens waren sowohl die Margarethenhöhe als auch Hellerau während ihrer Errichtung von allen Bauvorschriften befreit.

Allerdings war die Entwicklung klassischer Gartenstädte teuer, was den flächendeckenden Erfolg der Bewegung bremste. Dennoch hat sie bis heute bleibenden Einfluss auf die Stadtplanung und Stadtentwicklung. **Die Gartenstadt-Bewegung führte zu einem Umdenken in der Stadtplanung. Durch sie wurden Grünflächen und Naherholungsräume als zentrale Bestandteile moderner Städte etabliert.** Grünflächen und das Planen von Städten im Einklang mit der Natur sind heute geforderte Ideale. Auch das Konzept, Wohnen, Arbeiten und Gemeinschaftseinrichtungen in einer harmonischen Einheit zu gestalten, findet sich heute in der Planung nachhaltiger Stadtquartiere wieder. Ebenso besteht die Idee, auf begrenztem urbanem Raum eine hohe Lebensqualität mit einem kleinen ökologischen Fußabdruck zu schaffen, bis heute fort, etwa in der Entwicklung von grünen Wohnanlagen oder urbanen Gartenprojekten.

Suburbanisierung – Vision einer autogerechten Stadt

Von den Städten des Mittelalters über die Industrialisierung bis hin zur aktuellen Wohnraumknappheit: **Not war in der Geschichte des Wohnens häufig der Anlass, neue Wohnformen zu erschaffen.** Nur selten hatten Menschen ausreichend Zeit, Geld und Platz, um von Grund auf neu zu bauen. Stattdessen galt es in der Regel, sich mit den vorhandenen Mitteln zu behelfen und das Beste daraus zu machen.

Auch nach dem Zweiten Weltkrieg war die Not ein entscheidender Treiber für die Entwicklung neuer Wohnformen in der Bundesrepublik Deutschland. Denn das Leid war groß: Viele Menschen waren ausgebombt, ihre Wohnungen schwer beschädigt oder zerstört. Dazu kamen europaweit Millionen von Menschen, die auf der Flucht oder aus ihren Heimatorten evakuiert worden waren. Neuer Wohnraum musste her, und zwar schnell. Erschwert wurde der Neu- und Wiederaufbau in den ersten Jahren von einem akuten Mangel an Baumaterial und finanziellen Mitteln. Dennoch bot der Wiederaufbau Raum für neue Leitbilder und Wohnvisionen. Eines dieser Leitbilder beantwortet teilweise die Frage, warum wir heute auf dem Arbeitsweg im Stau stehen.

Die autogerechte Stadt sah breite Straßen, großzügige Parkplätze und die Trennung von Verkehrsströmen vor, wobei der Fußgänger- und Fahrradverkehr oft vernachlässigt wurde. Das Maß aller Dinge war der motorisierte Individualverkehr. Namensgeber war der Architekt und Stadtplaner Hans Bernhard Reichow, der 1959 das Buch »Die autogerechte Stadt – Ein Weg aus dem Verkehrs-Chaos« veröffentlichte. Das Konzept aus den 1950er- und 1960er-Jahren betonte die Priorität des Individualverkehrs und die Schaffung von Verkehrssystemen, die den reibungslosen Fluss von Autos ermöglichen. In der Folge entstanden Großwohnsiedlungen und Trabantenstädte.

Für Stadtplaner wie Reichow standen Effizienz und Ordnung an erster Stelle. Lärm und Emissionen hatten damals nicht den Stellenwert wie heute. Eine Grundlage der autozentrierten Stadtplanung war die 1933 verabschiedete »Charta von Athen« des Architekturkongresses CIAM. Der Kongress thematisierte »Die funktionale Stadt«, unterteilt in Bereiche für Wohnen, Einkaufen, Büroarbeit, Gewerbe und Industrie. Hochhaussiedlungen wie die Berliner Gropiusstadt, München-Neuperlach oder Köln-Chorweiler entstanden auf Basis der Idee von der urbanen Funktionstrennung. Übrigens war es kein anderer als der bereits erwähnte Le Corbusier, der damals die »Charta von Athen« des Architekturkongresses CIAM zusammenfasste.

Das Nachkriegsleitbild der gegliederten und autogerechten Stadt setzte sich nicht nur in der Bundesrepublik Deutschland durch, es beeinflusste auch die Stadtplanung in der USA.

Der »American Way of Life« basiert auf einer Vorstellung von Freiheit und Mobilität, die erst der Individualverkehr mit dem Auto ermöglichte. Dieselbe Ideologie betonte den Traum von Eigenheimbesitz und einem Leben im eigenen Haus mit Garten. Dies führte in den Nachkriegsjahren zu einer massiven Suburbanisierung, bei der viele Amerikaner aus den städtischen Zentren in Vororte zogen, um diesen Traum zu verwirklichen. Aus US-amerikanischen Fernsehserien kennen wir alle die gleichförmigen, weitläufigen Wohngebiete. Mit ihrer Ausbreitung ging die bis heute bestehende Abhängigkeit vom Autoverkehr einher.

Gemäß des Leitbilds der autogerechten Stadt forcierte auch die Bundesrepublik den Wohntrend der Suburbanisierung und die daraus folgende Zersiedlung der Städte. In Wellen zogen die Menschen nach »Suburbia«, in Vorstadtsiedlungen und Wohngebiete außerhalb des städtischen Kerns. Diese waren mit dem Auto leichter erreichbar, deshalb konnten die Menschen auch weiter entfernt von ihren Arbeitsplätzen und der Innenstadt leben. Ohne die Förderung des Automobilverkehrs und den Ausbau von Autobahnen und Schnellstraßen wäre diese Bewegung nicht möglich gewesen. Gleichzeitig führten diese Maßnahmen jedoch zu einem verstärkten Pendelverkehr und einer starken Abhängigkeit vom Auto als Hauptverkehrsmittel. Das zunächst positiv besetzte Leitbild der autogerechten Stadt entpuppte sich als kurzsichtig. Die Folgen waren Zersiedelung, Monostrukturen, Umweltprobleme und soziale Isolation. Schlafstädte am Rande der Stadtzentren wandelten sich vielerorts vom urbanen Nachkriegs-Wohntraum zum sozialen Brennpunkt.

Längst verfolgt die Mehrzahl der deutschen Städte eine andere Verkehrspolitik, setzt verstärkt auf Fußgänger- und Fahrradverkehr und öffentliche Verkehrsmittel, um die negativen Auswirkungen der autogerechten Stadt und der Suburbanisierung zu mildern. Doch obwohl es seit Jahrzehnten kritische Stimmen und konkrete Gegenkonzepte wie die Idee der autofreien Stadt gibt, kämpfen wir bis heute mit diesem

Erbe. **Denn Gebäude und Verkehrswege lassen sich nicht so schnell umsortieren wie Legosteine auf einer Bauplatte.** Das System der Trennung steht – sowohl in unseren Landschaften als auch in vielen Köpfen –, und es braucht Zeit und neue Ideen, um es in ein neues System zu überführen.

Schöner Wohnen im Sozialismus

Im Osten Deutschlands stand die politische Führung nach dem Ende des Zweiten Weltkriegs ebenfalls vor der Aufgabe, schnell und günstig Wohnraum zu schaffen. Wie die Leitidee der funktionalen, autogerechten Stadt das Wohnen im Kapitalismus prägte, so entwickelten sich ideologisch geprägte Wohnformen im Kommunismus. Der Kalte Krieg – er wurde auch architektonisch geführt.[67] Ein erstes großes Prestige-Projekt in Ost-Berlin war die damalige Stalinallee, vormals Große Frankfurter Straße. In einer Mischung aus sowjetischem Zuckerbäckerstil und preußisch-deutschen Bautraditionen entstanden sogenannte Arbeiterpaläste. Die komfortablen Wohnungen sollten die Entbehrungen des Krieges vergessen machen und die Überlegenheit des kommunistischen Systems unterstreichen.

Flächendeckend setzte sich deshalb vor allem eine Wohnvision in der DDR durch: Der serielle Plattenbau ermöglichte es, vielen Menschen moderne Wohnstandards zu eröffnen. Erstens bot er eine effiziente Möglichkeit, schnell große Mengen an Wohnraum zu schaffen, um die Bevölkerung unterzubringen. Zweitens verkörperte er das sozialistische Ideal der Gleichheit. Plattenbau bedeutete Standardwohnungen für viele Bevölkerungsschichten – die Oberärztin wohnte neben dem Straßenkehrer. Drittens standen die Plattenbauten für eine moderne Infrastruktur mit Zentralheizung, Wasserversorgung und sanitären Einrichtungen. Sie boten eine deutlich höhere Lebensqualität als die baufälligen Altbauwohnungen, in denen viele Menschen bis dahin gelebt hatten. Darüber hinaus nutzten Plattenbauten die Grundstücke effizient aus und waren oft mit sozialen Einrichtungen wie Kindergärten, Schulen und Geschäften ausgestattet, was für die Bewohnerinnen und Bewohner kurze Wege bedeutete. Wie positiv besetzt die Wohnform tatsächlich war, ging mir als »Wessi« erst auf, als ein Bekannter meines Freundes von der ehemaligen Wohnung seiner Familie erzählte. Sein Vater habe nie gesagt: »Wir wohnen im Plattenbau.« Vielmehr betonte er immer mit einem gewissen Stolz: »Wir wohnen in Dresden, direkt am Großen Garten!« Und zwar in einer modernen Wohnanlage – im Plattenbaustil.

Obwohl viele Menschen Plattenbauten als angemessenen und bezahlbaren Wohnraum schätzten, hat die Wahrnehmung der Wohnform schwer gelitten. Schuld daran sind unter anderem die monotonen Fassaden und die eintönige, uniforme Gestaltung. Teilweise auftretende Baumängel und bautechnische Probleme wie etwa die Hellhörigkeit demolierten ihr einstmals positives Image. Hinzu kamen nach der Wende politische Stigmatisierung, baulicher Verfall und soziale Probleme.

Weltweit finden sich zahlreiche Beispiele für einen von politischen Ideologien und Visionen beeinflussten Wohnungsbau. Eines davon ist Brasília, die Hauptstadt Brasiliens. Geplant und gestaltet hat sie ein überzeugter Kommunist in den 1950er-Jahren, der Architekt Oscar Niemeyer. Brasília sollte die bisherige Hauptstadt Rio de Janeiro entlasten. Aus der Luft gesehen hat die Stadt die Form eines Vogels oder Flugzeugs. Die Gebäude sind modernistisch geprägt, mit klaren Linien und abstrakten Formen. Verbaut wurden Beton und Glas. Bekannt sind besonders die monumentalen Großbauten wie der Präsidentenpalast, das Justizministerium, der Nationalkongress und die Kathedrale.

Der Kommunist Niemeyer glaubte fest an soziale Gerechtigkeit und Gleichheit. Seine Architektur sollte diese Vision widerspiegeln. Doch schon der Bau der Stadt führte zu sozialen Spannungen. In weitgehend unberührtem Gelände wurde der Regenwald abgerodet, um Platz für die neue Stadt und ihre Infrastruktur zu schaffen. Tausende von Menschen wurden aus verschiedenen Landesteilen in die neue Hauptstadt umgesiedelt. Niemeyer plante Brasília als »Tabula Rasa«, angelegt in einem Raster mit breiten Hauptstraßen als Trennelemente. Naheliegend, dass das Auto als Verkehrsmittel Nummer eins gedacht war.

Das Leben in den schicken Innenstadtbezirken mit guter Infrastruktur und hohen Lebenshaltungskosten konnten sich in erster Linie wohlhabende Menschen, Regierungsbeamte und Diplomatinnen leisten. Für viele Arbeiterinnen und einkommensschwache Bevölkerungsgruppen war die neue Hauptstadt hingegen unerschwinglich. So bildeten sich um Brasília herum Satellitenstädte mit mangelhafter Infrastruktur und oft unzureichenden Lebensbedingungen. **Die soziale Segregation ist bis heute ein großes Problem – und das ausgerechnet in einer Stadt, die als kommunistisches Modellprojekt angelegt worden war.**

Wohnen und arbeiten unter einem Dach

Schon während der Gründerzeit des 19. Jahrhunderts entstanden allerdings auch durchmischte Stadtviertel, in denen Menschen unterschiedlicher Schichten arbeiteten und wohnten. Eines davon ist bis heute bekannt und beliebt. Die Rede ist vom Prenzlauer Berg in Berlin. Während der Gründerzeit gewann das Viertel rapide an Bedeutung. Damals erlebte Berlin eine schnelle Industrialisierung und Urbanisierung. Bis heute typisch ist das um 1900 erbaute Prenzlauer-Berg-Haus. Rund 18 Meter breite Grundstücke wurden auf voller Breite bebaut, mit jeweils einem fünfgeschossigen Vorderhaus. Im Erdgeschoss war Platz für Ladengeschäfte, in den Etagen darüber befanden sich pro Etage zwei Wohnungen. Das Vorderhaus teilte sich einen Hinterhof mit dem Nachbargrundstück. Dort entstanden Hinterhäuser, sogenannte Mietskasernen, mit meist vier Wohnungen pro Etage, in denen die ärmere Bevölkerungsschicht lebte. So ergab sich ein Gesamtbild von einem Haus mit ein bis zwei Ladengeschäften und 30 bis 40 Wohnungen. Diese Altbauwohnungen zeichnen sich heute noch durch hohe Decken, große Fenster und ein charakteristisches Gründerzeit-Flair aus.

Die Gründerzeitgebäude machen Prenzlauer Berg seit einigen Jahrzehnten zu einem beliebten Wohn- und Arbeitsort für Familien und junge Berufstätige. Doch es ist weit mehr als der architektonische Charme der Wohnungen, der das Viertel auszeichnet. Ausschlaggebend ist auch die kulturelle Vielfalt mit Restaurants, Cafés, Galerien und Geschäften, die eine lebhafte Kulturszene schaffen. Nicht zu vergessen, das kreative Umfeld, in dem sich traditionell viele Künstlerinnen, Kreative und junge Unternehmerinnen niederlassen. Mitten in der Stadt gelegen, besitzt die Gegend dennoch viele Grünflächen wie den Mauerpark und den Volkspark Prenzlauer Berg. Die Straßen sind meist von Bäumen gesäumt, und es gibt viele Möglichkeiten zur Freizeitgestaltung. Das Viertel liegt zentral in Berlin und ist gut an den öffentlichen Nahverkehr angebunden. Aus meiner Sicht sehen wir hier ein hervorragendes Beispiel für einen lebendigen Stadtteil, in dem die vielfach geltende städtebauliche Maxime der Trennung einzelner Lebensbereiche nicht gilt. **In Prenzlauer Berg sind Wohnen, Arbeiten und Leben eins. Dadurch ist das Viertel ein Gegenentwurf zur Suburbanisierung und Pendlerstress.**

Visionen sind wandelbar

Jede Reformbewegung und Wohnvision lieferte eine Antwort auf die Anforderungen ihrer Zeit. Jede hatte zum Ziel, den Menschen ein besseres Leben und Wohnen zu ermöglichen. Ob Gartenstadt oder Plattenbau, Bauhaus oder autogerechte Stadt: **Die politische Ideologie und das Menschenbild hatten zu jeder Zeit großen Einfluss auf den Städtebau und damit auf das Wohnen.** Wir leben bis heute in einer von Visionen und Utopien bestimmten Welt. Manche sind streckenweise gelungen, andere grandios gescheitert. Soziale Probleme wie fehlende persönliche Beziehungen und Vereinsamung sind nicht vom Himmel gefallen – sie sind (Neben-)Produkte von Wohnvisionen. Während Dörfer gewachsene Siedlungen sind, gäbe es Planstädte wie Brasília oder Canberra nicht ohne die Visionen von gestern.

Selbstverständlich haben wir heute die Wahl, zentral in der Stadt zu wohnen oder im ländlichen Raum, von wo aus wir eine weitere Anfahrt zu unseren Arbeitsplätzen in Kauf nehmen. Doch unsere Wahlmöglichkeiten bewegen sich in einem eng gesteckten Rahmen. Wir wählen nicht

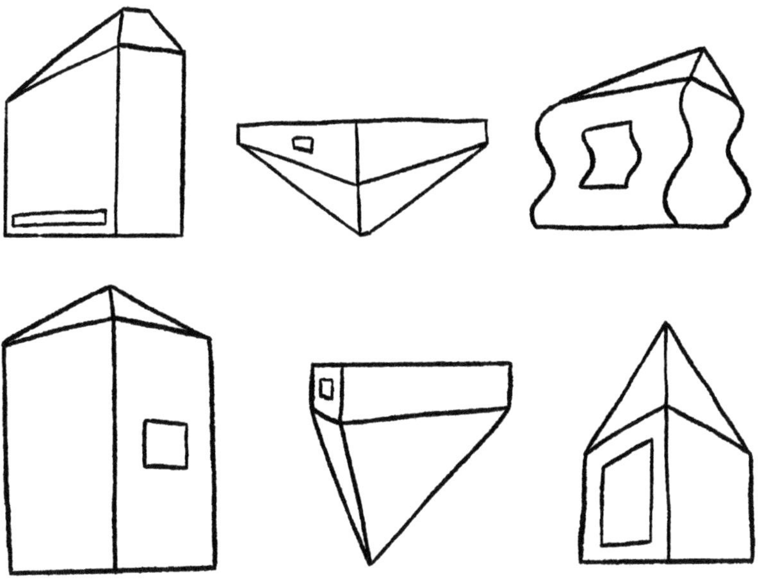

frei – wir unterliegen den Einflüssen und Zwängen unserer Zeit. So wie unsere Vorfahren auch.

Mit diesem Wissen im Gepäck können wir aus den Erfahrungen der Vergangenheit lernen. Plattenbau zum Beispiel verkörpert die Idee einer kostengünstigen, seriellen Bauweise. Mit welchen Baustoffen und architektonischen Konzepten könnte daraus heute ein Erfolgsmodell werden? Das Berliner Viertel Prenzlauer Berg überwindet die funktionale Trennung in der Stadt und vereint Wohnen, Arbeiten, Freizeit und Konsum. Lassen sich Elemente daraus auf Schlafstädte übertragen, um deren Lebensqualität zu steigern? Bauernhöfe wiederum bergen das Ideal eines ganzheitlichen Lebens, im Rhythmus der Jahreszeiten und in Gemeinschaft. Sind Elemente daraus übertragbar auf eine neue, urbane Wohnform, die vor Vereinsamung und Überlastung schützt?

Manche werden einwenden: Aber wir haben nicht genug Geld, nicht genug Fläche, nicht genug Zeit. Dem kann ich nur entgegnen: Das war fast immer so. Trotzdem ist eine WOHNWENDE möglich. Es gab immer

Sachzwänge und Nöte, ob sie Industrialisierung, Wiederaufbau oder Migration hießen. Die Menschheit hatte selten eine Tabula Rasa und unendliche Mittel, um Wohnträume zu verwirklichen. Außerdem zeigt das Beispiel von Oscar Niemeyers Brasília, dass eine Tabula Rasa keinesfalls ein Garant für das Gelingen einer Wohnvision ist. **Viel wichtiger als unendliche Mittel sind neue Denkmuster und Erzählungen. Denn wir können die Probleme von heute und morgen nicht mit den Ideen von gestern lösen.**

Wir dürfen gelernte Denkmuster hinterfragen: Ist das Einfamilienhaus wirklich so erstrebenswert? Was würde es mit unserer Gesellschaft machen, wenn alle ihr eigenes Haus für die eigene Familie im Speckgürtel der großen Städte hätten? Ist es wirklich sinnvoll, unsere riesige nationale Autoflotte zu elektrifizieren? Oder sollten wir überlegen, warum so viele von uns ein Auto brauchen, um täglich zur Arbeit zu pendeln? Und wie es mit weniger Autos funktionieren könnte?

Doch zurück zum Wohnen: Auch in der Vergangenheit waren Menschen bereits auf der Suche nach der idealen Stadt, der glücklich machenden Wohnform. Bis heute gibt es keine ideale, selig machende Form. Doch darin liegt eine gute Nachricht:

Wenn wir realisieren, was unser Bild vom Wohnen beeinflusst, können wir bessere Entscheidungen treffen. Wenn wir erkennen, dass Städtebau- und Wohnformen veränderbar sind, können wir sie bewusst umgestalten. Wir brauchen den Visionen von gestern nicht blind zu folgen. Stattdessen können wir daraus lernen und neue Lösungen für die Zukunft entwickeln. Visionen und Geschichten, die zu uns und unserer Zukunft passen. Wohnformen, die dem Klimaschutz genauso Rechnung tragen wie dem menschlichen Bedürfnis nach Ästhetik und Gemeinschaft. Wohnformen, die bezahlbar sind. **Lassen Sie uns aus dem Vollen schöpfen und neue Wohnformen denken und realisieren, damit wir echte Wahlmöglichkeiten für eine neue WOHNWENDE schaffen.**

KAPITEL 6

Den Planeten nicht verheizen

Der Wohnraumbedarf steigt und der Planet erhitzt sich – gibt es neue Möglichkeiten, um Ökologie und Ökonomie zusammenzubringen? Gelingt es so, Wohnraum wieder bezahlbarer zu machen? Oder müssen wir unser Zuhause auf dem Altar der Nachhaltigkeit opfern?

Auf der Erde, dem einzig bewohnten und bewohnbaren Planeten in unserem Sonnensystem, leben wir mit rund acht Milliarden Menschen. Was mich schon immer fasziniert hat, ist die Tatsache, dass sich unsere Spezies flächig auf diesem Planeten verteilt. Jedenfalls auf seiner Landmasse, also den 29 Prozent der Erdoberfläche, die nicht von Ozeanen und Gewässern bedeckt sind. Diese rund 150 Millionen Quadratkilometer verbleibendes Land sind klimatisch höchst divers.

Sind Ihnen schon einmal Nilkrokodile in der Donau begegnet? Haben Sie während eines Sizilien-Urlaubs schon einmal Eisbären gesehen? Im Gegensatz zu Tieren leben Menschen seit Jahrtausenden in den verschiedensten Klimazonen. Wie kommen wir mit so unterschiedlichen Klimazonen klar? **In der gesamten Siedlungsgeschichte hat sich der Mensch als äußerst anpassungsfähige Spezies erwiesen.** So tragen Menschen in kalten Klimazonen traditionell gut isolierende Kleidung aus Tierfellen. Wüstenvölker wie die Beduinen bevorzugen lange, luftige Kleidung, die den Körper vor der Sonne schützt und kühlt. Während sich Bewohnerinnen polarer Zonen von fettreichen tierischen Produkten ernähren, basiert die herkömmliche Ernährung in tropischen Regionen auf Pflanzen.

Der Mensch als Klima-Chamäleon

Menschen passen sich nicht nur in der Art ihrer Bekleidung und Nahrung an die lokalen Gegebenheiten an. Eine der größten Anpassungsleistungen findet sich in der Wohn- und Bauweise indigener Völker. Deren Architektur war schon immer enorm an das Klima angepasst. Hier zwei beeindruckende Beispiele:

Menschliche Arktis-Bewohner setzen traditionell auf eine genauso einfache wie geniale Architektur: den Bau von Iglus. Iglus bestehen aus Schnee. Der isoliert erstaunlich gut, denn Schnee speichert Luft, die isolierend wirkt. Körperwärme und eine kleine Feuerstelle sorgen innerhalb des Iglus für eine deutlich wärmere Temperatur als draußen im Freien. Die Bauweise ist spiralförmig, dabei werden einzelne Schneeblöcke zu einer Kuppel aufgetürmt. Diese runde Form bietet Stürmen kaum Angriffsfläche und ist sehr stabil. Mit ein wenig Routine lässt sich ein Iglu in wenigen Stunden bauen – unter extremen Kältebedingungen bleibt keine Zeit für wochenlange Bauphasen. Der größte Vorteil ist das Material: Schnee ist in arktischen Regionen überall verfügbar, sodass Transportwege entfallen und keine zusätzlichen Ressourcen notwendig sind.

Im zweiten Beispiel geht es um die traditionellen Wüstenstädte im Jemen, erschaffen von genialen Baumeistern. Unter anderem in Schibam errichteten die Menschen Häuser aus luftgetrockneten Lehmziegeln. Diese waren kostengünstig und leicht verfügbar. Eng beieinanderstehend und hoch gebaut spenden die Häuser Schatten und minimieren die Sonneneinstrahlung. Ihre dicken Lehmwände nehmen tagsüber Hitze auf und geben sie nachts wieder ab, sodass es im Inneren kühl bleibt. Die Fenster und Öffnungen sind so geschickt platziert und fördern die Luftzirkulation. Einige Häuser haben sogar Lüftungsschächte oder Windtürme, die kühle Luft einfangen und heiße Luft nach oben und außen leiten. Auf den flachen Dächern weht nachts ein kühler Wüstenwind, sodass sie beliebte Schlafplätze bieten. Sozusagen die perfekte Symbiose zwischen Parkbank und Penthouse. Städtebaulich erzeugen die engen Gassen maximalen Schatten und mindern die Oberflächentemperatur in der Siedlung.

Beide Beispiele zeigen, wie findig wir Menschen mit lokal verfügbaren Materialien selbst ohne große technische Hilfsmittel eine ans Klima angepasste Architektur und damit komfortable und funktionale Wohnräume schaffen können. Mit der industriellen Revolution und den folgenden Entwicklungen in Technologie und Infrastruktur trieben weite Teile der Menschheit diese Anpassung immer stärker voran. Elektrizität ermöglichte den Betrieb von Geräten wie Heizungen und verbesserte damit die Lebensqualität in verschiedenen Klimazonen. Seit der Erfindung der Zentralheizung können Gebäude gleichmäßig geheizt werden, was das Leben in kalten Regionen erheblich angenehmer macht. Elektrisch betriebene Klimaanlagen erleichtern das Leben und Arbeiten in heißen Klimazonen.

In der Architektur war die industrielle Revolution besonders spürbar und sichtbar: Zum einen halfen verbesserte Materialien und Dämmtechniken, Gebäude vor Hitze und Kälte zu schützen. Zum anderen wuchsen die Städte dank Stahl und Beton sprichwörtlich in den Himmel. Hochhäuser beherbergen mehr Menschen auf kleiner Fläche und lassen sich gut elektrisch klimatisieren. Moderne Wüstenstädte wie Dubai bestehen nicht mehr aus Lehmziegelbauten, sondern aus vollklimatisierten Wolkenkratzern.

Wir Menschen sind gewohnt, es im Winter drinnen angenehm warm zu haben und Räume bei heißen Außentemperaturen zu kühlen. Das haben wir erstaunlich gut gemeistert. Doch sind wir nun über das Ziel hinausgeschossen? Was wir angesichts all unserer technischen Möglichkeiten lange übersahen: **Wenn wir so weitermachen, verheizen wir den Planeten.**

Wie viele Erden benötigt die Menschheit?

Wie weit wir bereits über unser Limit gegangen sind, zeigt der jährliche »Earth Overshoot Day«. Dieser Erdüberlastungstag markiert, wann die natürlichen Vorkommen wie Wasser und Rohstoffe für das laufende Jahr aufgebraucht sind. 2024 war der weltweite Earth Overshoot Day am 24. Juli, in Deutschland bereits am 2. Mai 2024. Das heißt, in Deutschland haben wir in gut vier Monaten bereits unser ökologisches »Guthaben« des ganzen Jahres verbraucht: alle natürlichen Ressourcen, welche die Natur innerhalb eines Jahres erneuern kann. Vier Faktoren[68] sind hauptsächlich verantwortlich für diesen Überverbrauch: das Ausmaß an Konsum, die Effizienz bei der Herstellung von Produkten, die Zahl der Menschen auf der Erde und die Menge an natürlichen Ressourcen.

Die Folgen sind für uns bereits überall sichtbar, unter anderem in Gestalt von häufigen Dürren, Hochwasser und extremem Starkregen, weniger ertragreicher Anbauflächen und einem fortschreitenden Artensterben.

Wir leben »auf Pump«, auf Kosten nachfolgender Generationen. Über Jahrhunderte hin lebten Menschen nachhaltig, obwohl sie den Begriff noch nicht kannten. Die Generation meiner Großeltern zum Beispiel: Kaputte Geräte wurden repariert, Essensreste kompostiert oder den eigenen Hühnern und Schweinen gefüttert. Obst und Gemüse aus eigenem Anbau verursachte weder Transportwege noch Plastikmüll. Es gab kaum verarbeitete Lebensmittel und Fertiggerichte und die To-go-Kultur bestand darin, sich einen Apfel oder ein Butterbrot für unterwegs einzustecken.

Die Stämme der Irokesen gaben sich bereits im 15. Jahrhundert eine nachhaltige Verfassung. Damals schlossen sich mehrere Irokesenstämme zur Irokesen-Liga zusammen. Die Grundlage für ihr friedliches Zusammenleben war das »Große Gesetz des Friedens«, eine Art demokratische Verfassung. Diese enthält auch das heute noch bekannte Sieben-Generationen-Prinzip. Es besagt: **Bei jeder wichtigen Entscheidung wird das Wohl der nächsten sieben Generationen berücksichtigt.** Das Prinzip spiegelt tiefe Achtung vor der Natur und die Verantwortung gegenüber zukünftigen Generationen wider. Die Zahl sieben mag symbolisch gewählt sein, doch die Botschaft ist klar: Wie wirken sich unsere Entscheidungen auf Wasser, Erde, Tiere, Pflanzen, Luft und Menschen aus? Wie können wir so handeln, dass die folgenden Generationen eine lebenswerte Erde vorfinden?[69]

»Auf zu emissionsfreien, effizienten und widerstandsfähigen Gebäuden«

So lautet der Untertitel eines globalen Statusberichts zum Gebäude- und Bausektor der Vereinten Nationen aus dem Jahr 2020. Darin wird die entscheidende Rolle des Bau- und Wohnungssektors im globalen Kampf gegen den Klimawandel betont. Denn der Bausektor ist für rund 38 Prozent der globalen energiebedingten CO_2-Emissionen verantwortlich. Dabei unterscheidet man zwischen Emissionen beim Bau und beim Betrieb von Gebäuden. Das ist wichtig für die Gesamtbilanz: So kann ein energieeffizientes Passivhaus in der Bauphase zunächst mehr CO_2 verursachen als ein konventionelles Gebäude, über die Jahrzehnte der Nutzung aber deutlich weniger Emissionen produzieren. Das Wohnen selbst verursacht 28 Prozent der globalen energiebedingten Emissionen. Dazu kommen rund 10 Prozent Emissionen aus dem Bau. Um die Klimaziele der Vereinten Nationen zu erreichen, müssten im Gebäudesektor die direkten CO_2-Emissionen, also Wohnen und Bau gemeinsam, bis 2030 halbiert werden.

Der Prozess, den Ausstoß von CO_2 zu reduzieren, wird als Dekarbonisierung bezeichnet. Durch nachhaltige Baupraktiken können wir die Dekarbonisierung vorantreiben. Dabei ist die Zusammenarbeit zwischen öffentlichen und privaten Akteuren entlang der gesamten Wertschöpfungskette unerlässlich, denn viele Regelungen und Normen sowie ein langwieriger Bürokratieprozess bremsen die Dekarbonisierung aus.

Der Ausstoß an Treibhausgasen durch den Gebäudesektor in Deutschland[70] ist seit 1990 deutlich gesunken und zeigt damit in die richtige Richtung. Doch von der angestrebten Klimaneutralität sind wir meilenweit entfernt. Unter anderem, da die Dekarbonisierung des Gebäudebestands nur langsam vorangeht. Weniger als ein Prozent pro Jahr wird nachträglich gedämmt und auf erneuerbare Energieträger zum Heizen umgerüstet. Um ein so radikales Ziel wie die Klimaneutralität zu erreichen, brauchen wir neue Ansätze und Wege.

Die Intelligenz des Einfachen ist das Gesetz der Stunde. Ich denke, ökologisch bedenkliche Dämmmaterialien sorgen nicht dafür, dass Gebäude länger halten oder energetisch nachhaltiger sind. Auch die technische Aufrüstung zu smarten Gebäuden tut das nicht. Vielmehr müssen wir typologische, konstruktive und thermische Materialien und Strukturen nutzen, die ein angenehmes Wohnklima für die Nutzer schaffen. Dafür kann man sich bei regionalen Bauweisen sehr viel abschauen. Das Einfache ist besser als hoch technisierte Vorgehensweisen. Es geht also nicht um die höchstmögliche technische Ausrüstung in unseren Wohngebäuden, mit der alles überwacht und gesteuert werden kann. Das digitale intelligente Gebäude ist aus meiner Sicht wenig zielführend, wenn es um ganzheitliche Nachhaltigkeit geht. Außerdem ist es ein Kostenfaktor: Die technische Gebäudeausrüstung, kurz TGA, ist der größte Kostentreiber.

»Der Anteil der TGA an den gesamten Gebäudekosten hat sich in den letzten fünf Jahren von rund 20 auf 35 Prozent erhöht und ist damit die Kostengruppe mit der höchsten Preissteigerung«, argumentiert Dr. Christine Lemaitre[71], CEO der Deutschen Gesellschaft für Nachhaltiges Bauen DGNB.

Die Abhängigkeit von Strom sowie all die Rohstoffe, die für die Herstellung eines smarten Gebäudes notwendig sind, sind aus meiner Sicht Verschwendung und nicht kreislauffähig. Während ein nachhaltiges Gebäude im Idealfall für über hundert Jahre ausgelegt ist, sei die digitale TGA voraussichtlich nach 20 Jahren reif für den Austausch, so Lemaitre. Ähnlich verhält es sich mit unseren überdimensionierten Ansprüchen an die Wärmedämmung. Ein KfW-40-Haus ist nur rechnerisch besser als ein KfW-55-Haus. In der Praxis ist das Kosten-Nutzen-Verhältnis inakzeptabel, denn hohe Dämmstandards bringen nichts, wenn die Bewohner Fenster aufreißen. Es ist daher aus meiner Sicht sinnvoller, mit Augenmaß Standards zu setzen und robuste, langlebige Gebäude zu bevorzugen.

Mir kommen dabei wieder die Iglus und Wüstenstädte in den Sinn: Wenn wir Menschen uns seit Jahrtausenden an die klimatischen Bedingungen vor unserer Haustür so gut anpassen konnten, warum sollte uns das nicht auch in Zukunft gelingen? Die alles entscheidende Frage dabei ist: **Wie können wir altes Wissen mit neuen Möglichkeiten verbinden, um unseren Fußabdruck den Ressourcen unserer Erde anzupassen?**

Sind Städte gut fürs Klima?

Ja, schreibt Klimaökonom Professor Gernot Agner in seinem Buch »Stadt Land Klima«. Er stellt die These auf, dass wir nur mit einem urbanen Leben die Erde retten können. Klimafreundlich zu leben, bedeute keineswegs nur Verzicht, aber ein Umdenken im großen Stil. Wissenschaftlich fundiert argumentiert Wagner, dass **Städte effizienter und ressourcenschonender sind als das Leben in den Vororten, auch genannt Suburbias.** Städte bieten durch dichtere Bebauung, kürzere Transportwege und bessere öffentliche Verkehrsmittel eine ideale Ausgangsbasis für ein klimafreundlicheres Leben. Der Zugang zu wichtigen Angeboten wie Supermärkten, Apotheken und kulturellen Einrichtungen ist oft zu Fuß oder mit dem Fahrrad möglich, was den ökologischen Fußabdruck erheblich reduziert.

Wagner kritisiert zu Recht die Zersiedelung der Landschaft durch Vororte, die für erhöhten Energieverbrauch und mehr Pendelverkehr sorgen. Diese Zersiedelung führt zu einem Verlust natürlicher Lebensräume und landwirtschaftlicher Flächen, was negative Auswirkungen auf die Biodiversität hat. Zudem erhöht der Bedarf an neuen Straßen und Versorgungsleitungen den Energieverbrauch und die CO_2-Emissionen. Wer einen Beitrag zum Klimaschutz leisten will, muss sich laut Wagner für Stadt- oder Landleben entscheiden: **»Die CO_2-Emissionen sind [auf dem] Land und in der Stadt etwa gleich hoch, in Suburbia aber betragen sie das Doppelte.«**[72] Einfamilienhäuser in Vororten sind nicht nur ineffizient, sondern untergraben auch die Klimaziele. Sie verschlingen unverhältnismäßig viel Fläche, fördern die Zersiedelung und erzwingen lange Pendelwege mit dem Auto. Zudem verbrauchen frei stehende Häuser durch ihre große Außenfläche deutlich mehr Heizenergie als kompakte Mehrfamilienhäuser. Der Autor plädiert stattdessen für eine kompaktere und dichtere Bebauung in Städten, die durch effizient genutzte Flächen und eine bessere Infrastruktur den ökologischen Fußabdruck verringert.

Mich fasziniert in diesem Zusammenhang der Ansatz der »15-Minuten-Stadt«. Dort kann man in 15 Minuten alle wichtigen Einrichtungen des täglichen Lebens erreichen, oft genug zu Fuß, mit dem Fahrrad oder dem ÖPNV.

Das Wohnen verursacht in Deutschland rund 28 Prozent[73] aller Treibhausgasemissionen. Ein wesentlicher Faktor für die Umweltauswirkungen von Gebäuden ist die Wohnfläche pro Person. Im Durchschnitt stieg diese von 35 Quadratmeter im Jahr 1990 auf 48 Quadratmeter im Jahr 2021 – ein Plus von 13 Quadratmetern pro Person. Das liegt auch an der immer noch zunehmenden Verbreitung von Einfamilienhäusern und großen Wohnungen.

Entsprechend ist der Flächenverbrauch ein zentrales Element in der Diskussion um nachhaltiges Bauen und Wohnen. Lebt ein alleinstehender Mann in seinem vorbildlich sanierten Einfamilienhaus mit 200 Quadratmetern Wohnfläche plus Garten, ist dies eben nicht nachhaltig. Auch nicht, wenn er Biogemüse im eigenen Garten anbaut.

Interessant ist: Menschen mit wenig Geld haben einen geringeren CO_2-Abdruck als wohlhabende Menschen, selbst wenn sie schlechtere Haushaltsgeräte und ungedämmte Wohnungen nutzen – schlicht, weil sie weniger konsumieren können. Das sollte uns immer wieder zum Nachdenken über unseren Ressourcenverbrauch anregen. Der ökologische Fußabdruck jedes Menschen muss auch den Flächenverbrauch berücksichtigen. Allerdings hat fast jede Branche, die auch nur entfernt mit dem Thema Wohnen zu tun hat, ein Interesse daran, die private Wohnfläche auszudehnen – von der Bauindustrie über die Banken, Immobilienmakler, Möbelmärkte und Heimsauna-Hersteller hin zu den Gartencentern und Baumärkten[74]. Für sie alle bedeutet eine größere Wohnfläche pro Person auch höhere Umsätze. Sie schreien so viel lauter als unser Planet, der keine Werbeflyer in unsere Briefkästen wirft und keine Rabattaktionen startet. Wir müssen Partei für den Planeten ergreifen! Fangen wir an, das Leben in der Stadt als Beitrag zum Klimaschutz zu verstehen und grundlegend umzudenken in Bezug auf die Nutzung und Gestaltung unserer Lebensräume.

Den Heiz-Hammer abwenden – aber wie?

Bei uns in der gemäßigten Klimazone Mitteleuropas steht jedoch ein Thema noch viel mehr im Fokus als der Flächenverbrauch: das Heizen. Denn wir sind es gewohnt, vom Herbst bis ins späte Frühjahr ein trockenes und warmes Zuhause zu haben, auch wenn es draußen regnet und kalt ist. Würden wir alle auf einer Insel wie Bali leben, wäre ein einfaches Haus und eine Wolldecke für kühle Tage und Nächte womöglich ausreichend. Andererseits verbrauchen in solchen Ländern Klimaanlagen viel Strom. Während die Menschen in Südflorida oder Kuala Lumpur Kühlung benötigen, sind wir in Deutschland auf Heizungen angewiesen. Seit dem Zeitalter der Dampfmaschine war Energie dafür immer kostengünstig verfügbar.

Im vergangenen Jahrzehnt sind die Heizkosten hierzulande jedoch drastisch gestiegen. Als sie im Jahr 2022 je nach Energieträger um rund 80 Prozent[75] in die Höhe schnellten, betitelte das nicht nur die BILD-Zeitung als »Heiz-Hammer«. Öffentliche Gebäude, darunter auch Schwimmbäder, wurden weniger stark beheizt oder zeitweise geschlossen. Ab 2023 entspannten sich die Preise etwas, doch sie blieben über dem Niveau vor der durch den Ukraine-Krieg verursachten Energiekrise. Zudem wurden grundsätzliche Fragen laut, auf die wir dringend Antworten benötigen.

Müssen wir uns wirklich entscheiden, ob wir den Planeten weiter verheizen – oder frieren werden? Oder gelingt es uns, zu heizen, ohne fossile Ressourcen aufzubrauchen? Werden wir zu Sklaven der Technik in automatisch gesteuerten Häusern, die Thermoskannen gleichen? **Müssen wir das Zuhausegefühl auf dem Altar der Nachhaltigkeit opfern?** Bei all diesen teilweise provokanten Fragen ist es wichtig, den Menschen und seine Bedürfnisse nicht aus dem Blick zu verlieren. Menschen haben unterschiedliche Wärmebedürfnisse, beeinflusst von Faktoren wie Alter, Geschlecht, Gewicht, Gesundheitszustand und Aktivitätslevel. Die Heizungen rigoros herunterzufahren, kann also nicht die Lösung sein. Wir brauchen eine innovative Ideenkultur statt einer Verbotskultur, kurz gesagt: eine WOHNWENDE.

Vorwärts mit neuen Ideen

Wussten Sie, dass bereits 1892 das erste mobile Passivhaus in Europa gebaut wurde? Ende des 19. Jahrhunderts war der menschengemachte Klimawandel noch kein Thema. Und dennoch entstand die Idee für ein Passivhaus schon damals. Das norwegische Polarschiff Fram verkörpert die erste funktionsfähige und zweckmäßige Verwendung des Passivhausprinzips. Fridtjof Nansen gab den Bau 1890 in Auftrag. »Fram« bedeutet auf Norwegisch »vorwärts«. Von 1893 bis 1914 war die Fram auf Expeditionen unterwegs. Ihre Wände und Decken dichteten die Norweger mit mehreren Schichten verschiedener Materialien ab. Insgesamt erreichten sie eine Dicke von rund 40 Zentimetern. Da Kälte besonders leicht durch Fenster eindringt, verwendeten die Erbauer dreifache Scheiben. So brauchte der Ofen kaum angefeuert werden, egal wie tief die Außentemperatur sank. Kein Holzschiff fuhr jemals auf höheren Breitengraden oder in kältere Gebiete als die Fram.

Heute steht sie im Frammuseum in Oslo. Das erstaunliche Beispiel des Polarschiffs zeigt, wie ideenreich Menschen sind. Sie wollten Ende des 19. Jahrhunderts die Polarregion von einem Schiff aus erforschen – und ließen sich etwas einfallen.

Knapp hundert Jahre nach ihrem Bau wurde die Idee auf den Hausbau übertragen. 1973 entstand in Kopenhagen an der »Dänischen Technischen Hochschule« das erste Haus dieser Art. Nach heutigen Standards wäre es ein »Niedrigenergiehaus«. Das Forschungsprojekt lieferte wichtige Erkenntnisse und die Grundlagen für die Entwicklung der Niedrigenergie- und später der Passivhäuser. Es war noch ein weiter Weg, bis die eingesetzte Technik zuverlässig und bezahlbar funktionierte.

Inzwischen gibt es viele Tausend Passivhäuser. Mit dem Schiestlhaus auf 2156 Metern[76] eröffnete 2005 das erste hochalpine Gebäude in Passivbauweise. Wie die Fram ist das Schiestlhaus ein Pilotprojekt: Was unter extremen Bedingungen funktioniert, kann in vereinfachter Ausführung auch in gemäßigteren Regionen angewendet werden. Als Vorzeigeprojekt für solares und ökologisches Bauen in alpiner Lage erprobt das Schiestlhaus nachhaltige Technologie unter extremen Bedingungen.

Welche durchschlagende Kraft die simple Idee hat, Energie durch konsequente Dämmung einzusparen, zeigen die offiziellen Bauvorschriften in Deutschland. Die Effizienzhausstandards wurden zunächst gefördert und dann schrittweise verschärft. Dabei müssen wir jedoch aufpassen, dass wir nicht über das Ziel hinausschießen und für minimale Einsparungen einen übermäßig großen baulichen, technischen und finanziellen Aufwand treiben. Heute haben wir viel weitreichendere technische Möglichkeiten und können weltweit kooperieren. Wir wollen weder unseren Planeten verheizen noch frieren. Also denken wir (klima-)positiv – und lassen uns etwas einfallen.

Klimapositiv bauen und wohnen in vier Schritten

Wir können heute schon wirtschaftliche Gebäude planen und umsetzen, die auch im Betrieb klimaneutral sind. Davon bin ich genauso überzeugt wie die Deutsche Gesellschaft für Nachhaltiges Bauen (DGNB). Die DGNB erstellt umfassende Leitfäden für die Planung, Umsetzung und den Betrieb klimafreundlicher Gebäude – eine Einladung für alle Akteure in der Bau- und Immobilienwirtschaft, aktiv zur Transformation beizutragen. Ohne ein gemeinsames Engagement der Branche ist das von der Bundesregierung angestrebte Ziel eines klimaneutralen Gebäudebestands bis 2045 utopisch.

Wir müssen weg vom ständigen »Ja, aber ...« hin zu einem echten Paradigmenwechsel. In der Immobilien- und Baubranche sind wir Experten in marketinggetriebenen, kurzfristigen Maßnahmen, die oft nur das eigene Geschäftsmodell sichern. **Wir brauchen heute eine echte systematische Markttransformation.** Weg von schwammigen Begriffen und Selbstdeklarationen hin zu klar messbaren Zielen und effektiven Maßnahmen, bei denen alle mitziehen. Um den Gebäudesektor klimapositiv umzubauen, sind aus meiner Sicht vier Aspekte notwendig.

Erstens: Es geht um CO_2. Denn die Welt hat kein Energieproblem, sie hat ein Emissionsproblem. Das heißt: Wir sollten den Fokus auf die Reduktion von CO_2-Emissionen legen, statt nur auf den Energieverbrauch zu schauen.

Zweitens sollten wir Gebäude als Gesamtsystem betrachten. Es ist nämlich keine Seltenheit, dass ein energetisch optimiertes Bürogebäude höhere CO_2-Emissionen aus digitalen IT-Nutzeranwendungen aufweist als aus dem übrigen Gebäudebetrieb mit Heizen, Kühlen und Warmwasser. Aus diesem Grund muss die Nutzerenergie bei der Planung von Gebäuden berücksichtigt werden, denn darin stecken enorme Einsparpotenziale.

Drittens ist es wichtig, Wohnen und Bauen nicht isoliert zu sehen, sondern den gesamten Lebenszyklus eines Gebäudes zu bewerten. Es gilt, sämtliche CO_2-Emissionen über alle Lebensphasen eines Gebäudes hinweg zu berücksichtigen: vom Abbau und Transport der Baustoffe über die Konstruktion des Gebäudes hin zum Rückbau. Nicht alle Materialien, die als »ökologisch« bezeichnet werden, werden auch klimaschonend hergestellt. So benötigen zum Beispiel Holzfaserdämmstoffe einen hohen bis sehr hohen Energieeinsatz, je nach Herstellungsmethode. Die CO_2-Emissionen über alle Lebensphasen des Gebäudes hinweg zu betrachten, wäre wirklich ganzheitlich und könnte die Nachfrage nach ressourcenschonenden Materialien und Rezyklaten anfachen – und damit das Konzept der Kreislaufwirtschaft im Bausektor voranbringen. Ein Beispiel ist Recyclingbeton, der zum Teil aus Abbruchmaterial besteht. In den meisten seiner Eigenschaften ist er dem mit hohem Energieaufwand produzierten Neubeton ebenbürtig. Doch diese Technologie ist derzeitig noch nicht überall verbreitet.

Viertens braucht es Transparenz im Bausektor, wenn wir unsere Klimaschutzziele erreichen wollen. Denn was wir nicht messen, ändert sich nicht. Die Gefahr bei immer neuen »grünen« Labels liegt darin, dass die Vergleichbarkeit verloren geht. Notwendig ist daher ein kontinuierliches Monitoring der ehrlichen Emissions- und Verbrauchsdaten. Nur so lassen sich Optimierungspotenziale erkennen und ausschöpfen.

Lassen Sie es mich noch einmal zusammenfassen: Während in den Medien mehrheitlich von der Energiekrise die Rede ist, liegt das eigentliche Problem in den Emissionen, die durch unseren Energieverbrauch entstehen. Besonders im Bereich Wohnen und Bauen wird dies deutlich. **Wir haben ein Emissions- und kein Energieproblem.** Heizen, Kühlen, Beleuchtung und andere Haushaltsaktivitäten verbrauchen Energie, und es scheint naheliegend, hier Effizienzsteigerungen anzustreben. Doch das eigentliche Ziel neben der Reduktion des Energieverbrauchs sollte insbesondere das Minimieren der CO_2-Emissionen sein. Denn selbst die effizienteste Energienutzung bringt wenig, wenn die Energie aus fossilen Quellen stammt.

Neutral oder positiv – wie wollen wir wohnen?

CO_2-Fußabdruck, Nachhaltigkeit, Klimaneutralität – in der Debatte um mehr Klimaschutz fliegen so viele Begriffe durch den Raum, dass einem schwindelig werden kann. Da lohnt sich mit Blick auf den Bausektor eine klärende Definition. Was ist denn nun bitte klimaneutral? Und was ist klimapositiv? Als klimaneutral gilt ein Gebäude, wenn sein Energieverbrauch durch seine eigene Energieproduktion oder andere Ausgleichsmaßnahmen ausgeglichen wird. Diese Bilanz bedeutet, dass das Gebäude über einen bestimmten Zeitraum, in der Regel ein Jahr, keine zusätzlichen CO_2-Emissionen in die Atmosphäre abgibt.

Doch ehrlicherweise reicht es nicht aus, die jährlich ausgestoßenen Emissionen mit den jährlich eingesparten zu vergleichen. Ein Gebäude fällt schließlich nicht vom Himmel. Herstellung und Transport der Baumaterialien und die eigentliche Errichtung des Gebäudes verursachen ebenso Emissionen, die sogenannte graue Energie. Beziehen wir diese graue Energie in die Gleichung ein, so muss die zeitliche Betrachtung erweitert werden. Richtigerweise rechnet man die in der Bauphase entstandenen Emissionen bei einem Neubau mit ein und kompensiert diese im Zeitverlauf über eine konsequente Überproduktion von Energie am Standort des Gebäudes. Zugegebenermaßen verkompliziert das die vermeintlich einfache Definition eines klimaneutralen Gebäudes. Die DGNB-Bilanzierung bezieht zudem alle tatsächlichen Energieverbräuche im Gebäude mit ein. Sprich, wenn Mieterinnen Kryptowährungen schürfen und Mieter tagein, tagaus Serien streamen, verschlechtert das die Energiebilanz des Gebäudes. Der Gedanke mag zunächst befremdlich klingen, doch er ist durchaus logisch. Wie sonst lassen sich die Nutzerinnen und Nutzer von Gebäuden einbinden und motivieren, ihren eigenen Energieverbrauch zu überdenken?

Anders als andere Branchen hat der Gebäudesektor immerhin die Möglichkeit, direkt am Standort CO_2 zu kompensieren, zum Beispiel durch das direkte Erzeugen von Energie. Deshalb schließt die DGNB in ihrer Methodik auch eine Kompensation über Maßnahmen – wie den Kauf von CO_2-Zertifikaten – aus. Zusammenfassend ist ein Gebäude also klimaneutral, wenn erstens seine Energiebilanz bei null liegt oder einen Energieüberschuss aufweist; zweitens alle Energieträger mit den tatsächlich verursachten Emissionen mitbetrachtet werden, wie der Energieverbrauch der Nutzer oder Bewohnerinnen; und drittens keine Kompensationsmaßnahmen angesetzt werden.

Heute ist es nur noch ein kleiner Schritt zum klimapositiven Wohnen. Dabei wird über die Neutralität hinaus eine positive Wirkung auf die Umwelt erzielt. Das bedeutet, ein Gebäude gleicht seine CO_2-Emissionen nicht nur aus, sondern produziert mehr Energie, als es verbraucht. Diese Energie kann ins Netz eingespeist werden. Oder das Gebäude integriert Technologien und Praktiken, die aktiv die CO_2-Konzentration in der Atmosphäre reduzieren. Solche Gebäude haben Vorbildcharakter. Schon heute können wir so bauen, wie es spätestens 2050 Standard sein sollte.

Sie können sich das nicht so recht vorstellen? Keine Sorge, es handelt sich nicht um Wolkenkuckucksheime oder bauphysikalische Utopien. Deshalb schauen wir uns im nächsten Abschnitt beispielhaft zwei als klimapositiv ausgezeichnete Gebäude an.

Machen wir den Realitätscheck

Ein Gebäude, das mehr Energie erzeugt, als es verbraucht – klingt futuristisch? Keineswegs, wie konkrete Bauten zeigen. Für das erste Beispiel nehme ich Sie mit nach Kirchheim unter Teck, eine Mittelstadt rund 25 Kilometer südöstlich von Stuttgart. Am Rand der Altstadt steht das Eisbärhaus, ein ökologisches Wohn- und Geschäftsgebäude in Passivbauweise. Als die Bauabschnitte A und B im Jahr 2008 fertiggestellt wurden, waren sie den politischen Vorgaben rund 42 Jahre voraus. Rund 12 Jahre später wurde das Eisbärhaus um einen dritten Gebäudeabschnitt erweitert. Dieser Bauteil entstand in Hybridbauweise aus Holz und recyceltem Stahlbeton. Wie bei den ersten Gebäudeteilen war Holz das vorherrschende Gestaltungsmerkmal.

Eine Besonderheit des Eisbärhauses ist ein textiler Wärmedämmstoff, der Gebäuden eine optimale Energiebilanz beschert. Pate für das Material und Namensgeber für das Haus war das isolierende Fell des Eisbären.

»Mit seiner schwarzen Haut und dem weißen Fell kann der Eisbär unter denkbar ungünstigen klimatischen Verhältnissen leben«, so Architekt Matthias Bankwitz.[77]

Die DGNB zeichnete das klimapositive Eisbärhaus mit Platin[78] aus. Nach spätestens drei Jahren übersteigen die CO_2-Einsparungen aus dem laufenden Betrieb den gesamten Herstellungsaufwand des Gebäudes. Dafür sorgt ein ganzheitliches Gebäudekonzept. Dazu gehört eine mechanische Be- und Entlüftung und damit eine energieeffiziente Frischluftzufuhr im Innenraum. Die Auswahl der Baustoffe erfolgte nach dem Vorarlberger Ökoleitfaden. Dieser Ökoleitfaden war damals einer der wenigen Ratgeber, der Menschen und Unternehmen half, umweltfreundliche Entscheidungen zu treffen und nachhaltig zu handeln. So stammt das im Eisbärhaus verbaute Holz durchweg aus der Region Baden-Württemberg, was Transportwege spart und somit zur positiven Klimabilanz beiträgt.

Für ein weiteres klimapositives Beispiel schauen wir nach Singapur. Das tropische Klima dort ist gekennzeichnet durch hohe Temperaturen und eine hohe Luftfeuchtigkeit. In Singapur gibt es keine ausgeprägten Jahreszeiten wie in gemäßigten Klimazonen, stattdessen ist das Wetter weitgehend konstant warm und feucht. Hier in den Tropen beauftragte die Nationale Universität von Singapur ein klimaneutrales Gebäude mit Labors, Designstudios und Werkstätten. Mit seinen sechs Stockwerken und 8500 Quadratmetern Fläche gilt der Erweiterungsbau der »School of Design and Environment 4« (SDE4)[79] als Prototyp eines nachhaltigen Gebäudes. Seine durchdachte Gebäudekonstruktion setzt auf effiziente Querbelüftung und gute Tageslichteinwirkung. Das zugrundeliegende Konzept zielt ab auf einen klimaneutralen Energieverbrauch und hinterfragt die Notwendigkeit einer konventionellen Klimatisierung. So entstand ein Hybrid-Kühlsystem, das für eine ausgeglichene Temperierung der Räume sorgt – nicht zu warm und nicht zu kalt.

Rund 1200 PV-Module auf dem Dach des Gebäudes erzeugen genug Sonnenenergie, um den durchschnittlichen Jahresbedarf zu decken. Überschüssige Energie speist das Gebäude tagsüber in das Campusnetz ein und bezieht daraus während der Nacht bei Bedarf Strom. Das Universitätsgebäude in Singapur ist seit 2019 in Betrieb und arbeitet konstant klimapositiv: Der jährliche Überschuss beträgt im Durchschnitt 30 Prozent.

Gegen Verbote und für Ideenreichtum

Ob Eisbärhaus, Universitätsgebäude oder viele andere realisierte Gebäude: Es gibt unterschiedliche Wege zu klimapositiven Wohn- und Zweckgebäuden. Die genannten Beispiele verdeutlichen zwei Fakten. Erstens: Klimapositive Gebäude sind möglich. Zweitens: Es gibt dafür keine Blaupause und kein Schema F.

Ich bin gegen Verbote und für Ideenreichtum! Denn ich glaube, wir haben es in der Hand, die Wohnwelt Stück für Stück zu verändern und damit ihre Auswirkungen aufs Klima zurückzudrehen.

Statt uns über Politik, andere Länder oder den CO_2-Verbrauch des Nachbarn zu beklagen, sollten wir anfangen, die WOHNWENDE zu gestalten. Die Immobilienwirtschaft und der Wohnungsbau stecken voller innovativer Ideen – von den Polarschiff-Entwicklern, die nebenbei das Passivhaus erfanden, bis zu neuartigen Gebäudekonzepten, die statt CO_2 zu verbrauchen als kleine Energiezentralen andere mitversorgen können. Die Lösungen sind da. In den nächsten Kapiteln stelle ich Ihnen einige erprobte und vielversprechende Ansätze vor. Lassen Sie uns gemeinsam den Aufbruch wagen und unsere gebaute Umwelt klimapositiv gestalten.

KAPITEL 7

Auf dem guten Holzweg

Seit Jahrhunderten zieht es Menschen in den Wald. Ein Ort der Ruhe, der Erneuerung, ein perfekter Kreislauf ohne Verschwendung. Warum also nicht vom Wald lernen, wenn es ums Bauen geht? Holz speichert CO_2, wächst nach und kann Teil eines nachhaltigen Kreislaufs sein.

In diesem Kapitel geht es darum, wie wir mit Holz nicht nur umweltfreundlicher, sondern auch intelligenter bauen können. Denn der Wald kann uns nicht nur Ruhe schenken – er kann uns auch ein Zuhause geben.

Wann sind Sie zuletzt in einem Steinbruch spazieren gegangen? Ach so, Sie gehen zum Spazieren lieber ins Grüne. Dorthin, wo es gut riecht, weicher Boden die Schritte dämpft und ein Blätterdach vor der Sonne schützt. Da sind Sie in guter Gesellschaft. Fast alle Erwachsenen in Deutschland sind gerne im Wald[80] unterwegs. Denn eine ganze Reihe psychologischer und physiologischer Gründe sprechen für den Aufenthaltsort Wald: Wälder spiegeln unsere ursprüngliche Naturverbundenheit wider. Sie sind voller ästhetischer Formen, Farben und Gerüche – voller Leben. Und sie wirken sich nachweislich positiv auf unsere Gesundheit aus.

In Japan hat man das schon früh erkannt. Von dort kommt die Praxis des »Waldbadens«, genannt Shinrin-Yoku. Dabei verbringt man bewusst Zeit im Wald, um die Atmosphäre aufzunehmen und die Natur mit allen Sinnen zu erleben. Das fördert die Entspannung, reduziert Stress und verbessert das allgemeine Wohlbefinden. Die japanische Forstbehörde rief die Praxis des Shinrin-Yoku im Jahr 1982 ins Leben. Damals war die Sterblichkeit aufgrund von stressbedingten Krankheiten in Japan besonders hoch. Ein starker wirtschaftlicher Aufschwung ging dort in den 1980er-Jahren einher mit hohem Arbeitsdruck und langen Arbeitszeiten.

Es gab immer mehr Fälle von »Karoshi«, was »Tod durch Überarbeiten« bedeutet. Dem sollte das Waldbaden entgegenwirken.

Ich selbst gehe auch Waldbaden – auf meine Art, und zwar beim Wandern. Dabei halte ich manchmal spontan an und lege die Hand auf die Rinde eines Baums, spüre die Rinde und schaue ihn mir an. Ich bin einfach da und nehme den Moment wahr. Auch ganz ohne Studien und Anleitung fühle ich mich im Wald deutlich wohler als unter einem betonierten Autobahnkreuz.

Die Liebe zum Wald wurzelt tief

Die historische Liebe zum Wald hat bei uns in Deutschland tiefe Wurzeln. Sie reichen bis in die germanische Zeit zurück. Schon die alten Germanen verehrten den Wald als heiligen Ort und als Quelle spiritueller Kraft. Im Mittelalter dienten Wälder nicht nur als wirtschaftliche Ressource für Holz und Jagd, sondern auch als Zufluchtsort und Schutzraum. Bei den Brüdern Grimm ist der Wald ebenfalls viel mehr als nur eine Ansammlung von Bäumen – er ist märchenhafter Teil der Geschichten. Die Romantiker sahen in diesem Zauberwald die unberührte Seele der Natur, einen Ort, an dem die Grenzen zwischen Realität und Fantasie verschwimmen und wo die Zeit selbst innezuhalten scheint, um dem scheinbar ewigen Atem des Waldes zu lauschen.

Maler wie Caspar David Friedrich und Dichter wie Joseph von Eichendorff erschufen Kunstwerke voller Sehnsucht nach unberührter Natur. Als Gegenentwurf zur maschinengetriebenen Zivilisation kam der Wald-Tourismus auf.

Nach dem Ersten Weltkrieg instrumentalisierte die Politik den Wald und die deutsche Eiche zum Nationalsymbol. Von diesen politischen Lesarten wandte sich die Bevölkerung nach dem Zweiten Weltkrieg jedoch ab, stattdessen standen Heimat und Naturschutz nun im Vordergrund. Die Debatte über das »Waldsterben« in Deutschland in den 1980er-Jahren verdeutlichte erneut die identitätsstiftende Funktion und die bedeutende Rolle des Waldes im kollektiven Gedächtnis.

Bis heute zeigt sich die Liebe zum Wald in verschiedenen Facetten. Wälder sind beliebte Erholungsgebiete zum Wandern, Spazierengehen und um in der Natur zur Ruhe zu kommen. Der Wald hat einen festen Platz in der deutschen Kultur, der sich in Märchen, Liedern und Kunstwerken widerspiegelt. Der nachhaltige Umgang mit Wäldern und die Pflege von Forsten sind ebenfalls Ausdruck dieser tiefen Verbundenheit.

Kreislaufwirtschaft im Wald

Fernab vom Mythos ist der Wald das beste Beispiel für eine nachhaltige Kreislaufwirtschaft, wie wir sie im Bausektor und vielen anderen Branchen benötigen, um den Überverbrauch an Ressourcen zu stoppen. Wenn wir seinem Beispiel folgen, können wir den Earth Overshoot Day Schritt für Schritt nach hinten verschieben. Der Wald wird so zum Wegweiser für ein Leben im Einklang mit den natürlichen Ressourcen unseres Planeten.

In der Kreislaufwirtschaft geht es darum, Ressourcen bestmöglich zu nutzen, Abfall zu minimieren, alle Materialien so lange wie möglich im technischen oder biologischen Kreislauf zu halten und sie nach ihrer ursprünglichen Nutzung wieder einer neuen zuzuführen. In Bezug auf Bauen und Wohnen bedeutet Kreislaufwirtschaft auch, ausreichenden, bedarfsgerechten und nachhaltigen Wohnraum zu schaffen. Ebenso sind die Zirkularität und das CO_2-arme oder sogar CO_2-neutrale Bauen ein zentraler Maßstab. Konkret heißt das zum Beispiel: Holz, auch vermeintlich nicht mehr benötigtes Bauholz, einfach zu verbrennen, ist der falsche Weg. Das erfordert ein Umdenken – weg von unserer bislang linearen Art des Wirtschaftens, die nach dem Prinzip »Nehmen – Herstellen – Entsorgen« funktioniert. **Tatsächlich lässt sich die ursprüngliche Form der Kreislaufwirtschaft nirgendwo so gut erleben wie in der Natur.** In der Natur fließt alles in endlosen Kreisläufen. Das Ökosystem Wald besteht aus unzählig vielen solcher Kreisläufe, die zusammen einen großen Kreislauf ergeben.

Ich will versuchen, ihn vereinfacht anhand eines Baumes zu skizzieren – nennen wir ihn Betty Buche. Betty steht mitten in einem deutschen Mischwald. Sie nimmt Kohlendioxid aus der Luft sowie Wasser und Nährstoffe aus dem Boden auf und wandelt diese durch Fotosynthese in Sauerstoff und Glukose um. Im Herbst fallen ihre Blätter zu Boden und werden von Mikroorganismen, Pilzen und Regenwürmern zersetzt. Diese Zersetzer wandeln die organische Substanz der Blätter in anorganische Nährstoffe um, die wiederum von den Wurzeln der Buche aufgenommen werden, sodass der Baum weiter wachsen kann. Betty bietet zahlreichen Tieren Nahrung und Lebensraum. Wildschweine und Rehe ernähren sich von ihren Bucheckern, während Vögel und Insekten den Baum als Nist- und Schutzplatz nutzen. Durch das Sammeln und Vergraben von Bucheckern tragen Tiere wie Eichhörnchen zur Verbreitung des Baumes bei, indem sie einige der vergrabenen Bucheckern vergessen, die dann keimen und neue Buchen hervorbringen. Bettys durchschnittliche Lebenserwartung liegt bei 150 bis 300 Jahren. Falls sie nicht vorher gefällt wird, stürzt die abgestorbene Buche eines Tages zu Boden, bleibt dort liegen und bietet wiederum Lebensraum und Nahrung für eine Vielzahl von Organismen, von Pilzen bis zu Insektenlarven. Bettys toter Baumkörper wird langsam von Pilzen und anderen Zersetzern abgebaut, wodurch Nährstoffe freigesetzt und in den Boden zurückgeführt werden. Diese Nährstoffe stehen dann neuen Pflanzen und Bäumen zur Verfügung – und der Kreislauf beginnt von Neuem.

Übrigens hat der Begriff »Nachhaltigkeit« seine Wurzeln im Wald, genauer in der Forstwirtschaft. Der sächsische Oberberghauptmann Hans Carl von Carlowitz verwendete ihn im 18. Jahrhundert. Er prägte den Begriff in seinem Werk »Sylvicultura oeconomica« (zu Deutsch etwa »Ökonomische Forstwirtschaft«) aus dem Jahr 1713. Es gilt als eines der ersten umfassenden Bücher über nachhaltige Forstwirtschaft. Darin empfiehlt Carlowitz, **nicht mehr Holz zu fällen, als in einem bestimmten Zeitraum nachwachsen kann.** Dieses Prinzip sollte sicherstellen, dass die Wälder Zeit zur Regeneration bekommen und somit dauerhaft und beständig genutzt werden können. Im Laufe der Zeit hat sich dieses vor allem auf die wirtschaftlichen Aspekte der Waldwirtschaft aus-

gelegte Konzept weiterentwickelt und ist heute ein zentraler Gesichtspunkt in vielen Bereichen des Umweltschutzes und der nachhaltigen Entwicklung.

Der friedliche Baustoff für ein Zuhause

Holz zählt zu den ältesten Baustoffen der Menschheit. Schon in der prähistorischen Zeit verwendeten unsere Vorfahren Holzpfähle und errichteten Pfahlbauten, die in Seen und Feuchtgebieten Europas als sichere Wohnstätten dienten. Im Mittelalter fand Holz in der Fachwerkbauweise eine neue Ausdrucksform, die in vielen deutschen und europäischen Städten bis heute sichtbar ist. Dabei wird traditionell ein Skelett aus Holz mit anderen Materialien wie Lehm und Stroh ausgefüllt, auch weil behauene Natursteine viel zu teuer waren. Ich selbst bin in der Fachwerkstadt Celle aufgewachsen, in deren Altstadt noch über 400 Fachwerkhäuser als Zeitzeugen stehen. Einige Gebäude stammen aus dem 16. Jahrhundert und bezeugen die Fähigkeit von Holz, über lange Zeiträume hinweg zu bestehen.

Für mich ist Holz ein »friedlicher« Baustoff. Er wächst und erneuert sich selbst. Holz zu fällen und zu verarbeiten ist in der Regel weniger energieintensiv als das Abbauen von Stein oder das Brennen von Ziegeln oder das »Backen« von Kalksandstein oder Porenbeton. Zudem hat Holz eine warme, organische Ausstrahlung, die Gemütlichkeit und Harmonie verbreitet. Auch Stein ist ein natürliches Material, doch in der Wahrnehmung eher kalt und hart. Steinbrüche verändern die Landschaft zudem oft erheblich. Historisch gesehen wurden aus Naturstein viele massive Strukturen wie Burgen und Festungen gebaut, die oft mit Verteidigung und Konflikt in Verbindung standen. Holz hingegen wird traditionell für Wohngebäude und »Zuhause« verwendet.

Entgegen vieler Vorurteile ist Holz ein langlebiger Baustoff. **Holz besitzt zudem ein hohes funktionales und ästhetisches Potenzial.** Musikinstrumente und klassische Segelboote bestehen aus Holz. Der Blick in ein typisches Wohnzimmer zeigt ebenfalls jede Menge Möbel aus Holz. Auch wenn es statt Echtholz aus Preisgründen nur furnierte Spanplatte ist – die Holzoptik soll es schon sein. Baumhäuser sind heute der Hit in der Lüneburger Heide und boomen in Form von Baumhaushotels deutschlandweit. Sie sind ein weiteres Indiz dafür, dass sich Holz vom Nischenbaustoff zum Mainstream-Material entwickelt.

Noch vor wenigen Jahrzehnten waren Holzhäuser Teil einer teilweise belächelten Ökoszene, heute ist das ganz anders. Klimaforscher wie Hans Joachim Schellnhuber fordern sogar eine radikale Wende[81] am Bau: weg vom Stahlbeton, hin zu Holz.

»Mit regenerativer Architektur könnten wir uns gewissermaßen aus der Klimakrise herausbauen«, erklärt Schellnhuber in einem Interview. Ein einziges Einfamilienhaus aus Massivholz binde so viel CO_2, wie von 100 Hin- und Rückflügen zwischen Berlin und New York ausgestoßen wird.

In der zweiten Hälfte des 20. Jahrhunderts dominierten Glas und Beton die Architektur, insbesondere in urbanen und gewerblichen Bauten. Glas bringt Licht und Transparenz in Gebäude, während Beton als Tragstruktur und Fassadenmaterial als fest, haltbar und vielseitig geschätzt wird. Holz erlebt jedoch nicht erst seit dem Beginn des 21. Jahrhunderts eine Renaissance als Baustoff. Dafür gibt es verschiedene Gründe.[82] Auf der Suche nach nachhaltigeren und umweltfreundlicheren Baumethoden landen Projektverantwortliche häufig beim Holz, da es nachwächst und den Kohlenstoff-Fußabdruck reduziert. Regionen mit einer langen Holzbautradition wie das österreichische Vorarlberg rücken in den Blickpunkt. Dort schätzt man Holz traditionell wegen seiner ökologischen, ästhetischen und technischen Qualitäten.

Beim Planen und Bauen mit Holz ist es wichtig, den gesamten Lebenszyklus eines Gebäudes zu bedenken. Von Anfang an können wir Gebäude so konzipieren, dass sie sich später leicht in ihre Einzelteile zerlegen und wiederverwenden lassen – beispielsweise durch intelligente Verbindungstechniken und einen Materialpass, der alle verbauten Materialien dokumentiert. Gleichzeitig bietet der Holzbau hervorragende Möglichkeiten, bereits genutzten Bauteilen wie Balken oder Platten ein zweites Leben zu geben. Bevor wir jedoch überhaupt neu bauen, sollten wir prüfen, ob sich bestehende Gebäude durch Umnutzung und gezielte Anpassungen weiternutzen lassen.

Bauen wir bald Autobahnbrücken aus Holz?

Holz wächst nach, Sand nicht. Diese Tatsache findet seit einigen Jahren immer mehr Beachtung. Denn Sand für die Betonindustrie gibt es nicht länger »wie Sand am Meer«. Nach Wasser ist Sand die am zweithäufigsten genutzte Ressource weltweit. Die hohe Nachfrage, insbesondere für Bauzwecke, führt zu Knappheit. Dies betrifft vor allem den speziellen Typ von Sand, den die Industrie zur Herstellung von Beton und Mörtel benötigt. Große Mengen an Sand werden in Ländern mit intensiver Bautätigkeit und großen Infrastrukturprojekten verbraucht, wie in China, Indien und den Vereinigten Staaten. Dubai, bekannt für seine ehrgeizigen Bauprojekte wie künstliche Inseln und hoch aufragende Wolkenkratzer, importiert erhebliche Mengen an Sand, da der lokale Wüstensand nicht die notwendigen Eigenschaften für die Betonherstellung aufweist. Die übermäßige Ausbeutung der natürlichen Sandvorkommen führt zu Umweltproblemen wie Erosion und schädigt Ökosysteme. Ergo suchen in der Bauindustrie inzwischen viele nach alternativen Materialien oder nachhaltigeren Methoden, um den Sandverbrauch zu reduzieren. Da punktet Holz als nachwachsender Rohstoff, da er CO_2 bindet, weniger wiegt und leichter rückbaubar ist als Beton. Beton dagegen setzt große Mengen CO_2 frei. Zudem bietet Holz bessere Möglichkeiten zur seriellen Vorfertigung. Das senkt die Baukosten und die Bauzeit – doch dazu später mehr.

Angesichts der vielen Vorzüge von Holz ist es verwunderlich, dass die Holzbauquote insgesamt noch relativ gering ist. Für Mehrfamilienhäuser betrug sie im ersten Halbjahr 2023 rund 6 Prozent.[83] Es liegt zum einen am Image, dass man landläufig immer noch der Meinung ist, Stein auf Stein gebaut sei langlebiger, und außerdem an der Lobbyarbeit der Baustoffindustrie. Der Holzbau hat also noch Luft nach oben. Insbesondere die sehr einengenden Regeln der Technik für den Holzbau verteuern den Bau in Deutschland. In Österreich sind diese wesentlich praxisorientierter (und dort brennen auch nicht dauernd Holzhäuser oder fallen einfach zusammen).

Dass sich so wenig bewegt, liegt außerdem an der deutschen Bürokratie. 16 Landesbauordnungen bedeuten in der Praxis: Ist ein Holzbau in Bayern genehmigt, darf er in Sachsen noch lange nicht gebaut werden – denn dort gelten andere Vorschriften. Eine Vereinheitlichung der deutschen Bauordnungen wäre hier ein erster wirksamer Hebel. Der Staat hat aber noch einen zweiten Hebel zur Kostensenkung in der Hand: So gilt auf Brennholz der ermäßigte Mehrwertsteuersatz von sieben Prozent. Auf Bauholz dagegen wird die reguläre Mehrwertsteuer von 19 Prozent fällig. Das ist doch ökologisch schon grotesk: Bauholz bindet CO_2, Brennholz emittiert CO_2. Da kann man nur den Kopf schütteln!

Obwohl ich als Projektentwickler auf den Baustoff Holz setze, sehe ich die Diskussion um Holz oder Beton ohne ideologische Scheuklappen. In der Praxis ist es wichtig, zu prüfen, welcher Baustoff für ein konkretes Projekt geeignet ist. Auch die Bodenplatten und Kellergeschosse unserer Häuser bestehen nach wie vor aus Beton. Hier ist die Entwicklung klimafreundlicher Betonsorten in vollem Gang, zum Beispiel Beton aus recyceltem Abbruchmaterial. Nötig ist immer ein wirtschaftliches, ökologisches und technisches Abwägen. So wird es in absehbarer Zeit keine Autobahn- oder Eisenbahnbrücken aus Holz geben, da Holz für solche hochbelasteten Strukturen nicht die erforderliche Tragfähigkeit bietet und zudem anfälliger für Witterungseinflüsse ist. Dennoch hält der Baustoff Holz einige Überraschungen auf Lager.

Ein Hoch aufs Holz

Wussten Sie, dass sich Holz im Brandfall als äußerst tragfähig erweist? Und dass sich Holzbauten positiv auf die menschliche Gesundheit auswirken können?

In städtischen Gebieten ist der Platz knapp und die Wohnungsnot groß. Gerade dort gilt die Nachverdichtung als wichtiger Schlüssel, um neuen Wohnraum zu schaffen, ohne zusätzliche Flächen zu versiegeln. Über Aufstockungen und Dachausbauten lässt sich mehr Raum auf der gleichen Grundfläche generieren. **Mit Holz ist es möglich, auf fast jedes Gebäude ein Penthouse zu bauen, meist ohne dessen Statik zu überfordern.** Denn im Vergleich zu schwereren Baumaterialien wie Stein weist Holz ein geringes Eigengewicht auf.

Mithilfe von vorgefertigten Holzelementen lassen sich bestehende Gebäude erweitern. In dieser Hinsicht haben sich die Verarbeitungsmethoden und Technologien im Holzbau radikal gewandelt. Statt wie früher die grob zugeschnittenen Balken auf der Baustelle zu bearbeiten, werden jetzt ganze Wand- und Deckenelemente computergesteuert millimetergenau in der Werkhalle zugeschnitten, zu stabilen Bauteilen verleimt oder verschraubt und zu kompletten Bauteilen zusammengefügt. Zudem sorgt der hohe Vorfertigungsgrad für deutlich kürzere Bauzeiten. Im städtischen Umfeld mit seinen komplizierten Straßensperrungen und der aufwendigen Baustellenlogistik ein wichtiger Vorteil.

Im Wandelementbau entfaltet Holz seine ausgewiesenen Stärken zur Gänze. Denn vorgefertigte Elemente auf der Baustelle zusammenzusetzen, bringt nicht nur Flexibilität und Tempo ins Bauen. Es fängt auch die negativen Folgen des Fachkräftemangels auf. Schließlich werden für die Vorfertigung im Werk weniger Arbeitskräfte benötigt. Vor allem wird hier im Warmen gearbeitet und es entfallen die langen Anfahrten zur Baustelle sowie Übernachtungen. Das macht es für die noch vorhandenen Handwerker wesentlich attraktiver, in der Vorproduktion zu arbeiten. Unterm Strich ist der Wandelementbau wie auch der Modulbau damit besonders schnell.

Heute werden viele Holzbauten von Anfang an als System geplant und gefertigt, beispielsweise als Holzrahmenbau oder Skelettbau.

Der Holzrahmenbau gilt als das derzeit wichtigste Bausystem im europäischen Holzbau. Er zeichnet sich durch leichte, platzsparende Elemente aus, bei denen ein Rahmen mit Rippen verstärkt, beidseitig beplankt und mit integrierter Wärmedämmung ausgestattet wird. Stark vorgefertigte Varianten werden als Holztafelbau bezeichnet.

Der Holzskelettbau wiederum besteht aus senkrechten Stützen und waagrechten Trägern. Dies ermöglicht große Stützenabstände und flexible Raumgestaltung sowie verglaste Fassaden. Daneben kommen Massivholz- und Hybridbau zum Einsatz. Die moderne Form des Massivholzbaus verwendet großflächige Platten aus mehreren Lagen unterschiedlich gefügten Holzes, die sowohl tragend als auch raumbildend wirken, was sie besonders für hohe Bauten geeignet macht. Die Hybridbauweise kombiniert Stahlbeton oder Mauerwerk für Decken und Treppenhäuser mit Holzelementen, sei es wegen hoher Brandschutzauflagen oder aus statischen Gründen. Eine Sonderform sind die Holz-Beton-Verbundsysteme für Decken. **Insgesamt kann die Ökobilanz des Gebäudes durch den Einsatz von Holz wesentlich verbessert werden.**

Auch hinsichtlich der Trageigenschaften schneidet der Baustoff Holz sehr gut ab. Dank moderner Holzwerkstoffe, Planungs- und Produktionstechnologien sowie fortschrittlicher Klebe- und Verbindungstechniken können Holztragwerke in allen Gebäudekategorien eingesetzt werden. Besonderheiten hat der Holzbau im Hinblick auf Brand-, Erdbeben- und Feuchteschutz. Vor allem der Brandschutz (nicht nur von Holzbauten) wird in Deutschland sehr strikt reguliert. Dabei hat Holz unter gewissen Umständen ein besseres Brandverhalten als Stahl. Im Stahlbau kommt es aufgrund der Hitzeeinwirkung zum plötzlichen Festigkeitsverlust und dann unmittelbar zum Bruch. Massive Holzteile dagegen brennen nur an der Oberfläche, sie verkohlen vielmehr, bilden so eine Schutzschicht gegen die Flammen und bleiben im Kern lange genug tragfähig, um Fluchtwege offenzuhalten. Zum Vergleich: Stahl verliert seine Tragfähigkeit bereits ab Temperaturen von 450 °C, Beton büßt ab 650 °C zwei Drittel seiner Druckfestigkeit ein. Holzbalken beginnen zwar ab etwa 300 °C zu verkohlen, leiten jedoch die Wärme kaum und bewahren ihre Festigkeit im noch intakten Rest-Querschnitt. Für die Bewohnerinnen und Bewohner geht die Gefahr im Brandfall meist nicht vom Tragwerk aus. Die größte Gefahr bildet nicht das Haus, sondern das, was darin ist. Nicht die Holzwand, sondern das Billy-Regal oder Schuhschränke im Treppenhaus werden zum Brandbeschleuniger. Tatsächlich erzeugt der Hausrat im Brandfall schnell giftige Gase, weshalb freie Fluchtwege und die Entrauchung so wichtig sind. Die meisten Menschen sterben beim Brand durch eine Rauchvergiftung und nicht wegen herunterstürzender Bauteile.

Kommen wir zur Erdbebensicherheit. Auch hier hat Holz viele gute Argumente auf seiner Seite. So verhalten sich Holzkonstruktionen bei Erdbeben vorteilhaft, da die leichteren Bauteile geringere Kräfte erzeugen. Im Gegensatz zu einfachem Mauerwerk ist Holz zudem sowohl auf Druck als auch auf Zug beanspruchbar.

Das erdbebenerprobte Japan[84] setzt daher auf Holzkonstruktionen, um erdbebensichere Gebäude zu errichten. Die Erde in Japan bebt jährlich rund 5000-mal.[85] Die meisten dieser Beben sind kaum spürbar, einige erreichen jedoch Magnitude fünf oder höher. Die traditionelle japanische Bauweise, bekannt als »Mokuzô«, verwendet Holz so, dass es die Kräfte bei einem Erdbeben absorbieren und verteilen kann.

Die Parameter müssen stimmen

Dennoch gilt es beim Bauen mit Holz auch auf manches zu achten. Das Holz sollte im Innenbereich unbehandelt bleiben. Unbehandeltes Holz gewinnt mit den Jahren an Charakter: Seine Maserung, Farbe und Struktur vermitteln Wärme und sprechen uns instinktiv an. Holz bietet zudem gesundheitliche Vorteile: Es reguliert das Raumklima und unterstützt das Immunsystem. Studien zeigen, dass sich der Blutdruck in Holzumgebungen innerhalb weniger Minuten senkt und Menschen dort weniger Stress empfinden. Dies verdeutlicht die enge Verbindung zwischen Mensch und Wohnumfeld.

Den Feuchteschutz hatte ich oben bereits erwähnt. Keine Frage, stehendes Wasser ist Gift für Holz. Doch durch konstruktiven Holzschutz hält der Holzbau über Generationen. Das bedeutet, Holz darf bei Regen nass werden, solange es schnell wieder trocknen kann und durch Imprägnierungen oder Blechverkleidungen vor erhöhter Feuchtebelastung geschützt wird. Insbesondere die Feuchträume wie Badezimmer sind besonders sorgfältig abzudichten. Um das zu gewährleisten, werden die Sanitäreinheiten im Werk unter optimalen Bedingungen und einer strengen Qualitätsüberwachung produziert.

Eine Herausforderung beim Holzbau ist der Schallschutz. Da Holz von Natur aus eine geringere Masse als beispielsweise Stahlbeton besitzt, muss für einen effektiven Schallschutz zusätzliches Material eingebracht werden. Alternativ kann eine vollständige Schallentkopplung erfolgen, was jedoch aufwendiger in der Ausführung ist. In Mehrfamilienhäusern oder in der Nähe lauter Straßen ist es daher oft notwendig, die Wände zu verstärken und eine mechanische Lüftung zu integrieren, damit die Lüftung nicht durch geöffnete Fenster erfolgen muss.

Trotz seiner vielen Vorzüge ist Holz nicht automatisch gut und schon gar nicht nachhaltig. Es entfaltet seine dekarbonisierende und die regionale Wirtschaft stärkende Wirkung im Bauwesen nur, wenn die Parameter[86] stimmen. So sollte das Holz aus nachhaltiger Forstwirtschaft stammen, auf kurzen Wegen an seinen Bestimmungsort gelangen und am Ende seiner Verwendung im Holzbau sortenrein rückbaubar sein. Dafür muss bereits die Planung eine langfristige Nutzung vorsehen und den gesamten Lebenszyklus des Gebäudes berücksichtigen. Auch den in vorherigen Kapiteln bereits thematisierten Aspekt des Flächenverbrauchs will ich an dieser Stelle nicht unterschlagen: **Ein Einfamilienhaus aus Holz ist nicht nachhaltig, nur weil es aus Holz ist.** Schließlich handelt es sich unabhängig vom verwendeten Baustoff noch immer um ein Einfamilienhaus in Suburbia, in dem im Alter häufig nur ein bis zwei Menschen auf unverhältnismäßig viel Fläche wohnen.

Holz macht was her

Die Renaissance des Baustoffs Holz spiegelt sich in einer zunehmenden Verwendung für repräsentative Bauten wider, die architektonische Innovation mit Nachhaltigkeit verbinden. Moderne Holzbautechnologien wie das Brettsperrholz ermöglichen komplexe Strukturen in einer Größe, die früher unvorstellbar gewesen wäre. Angefacht wird diese Entwicklung von einem wachsenden Umweltbewusstsein und der Erkenntnis, dass Holz eine kohlenstoffarme Alternative zu traditionellen Baumaterialien wie Beton und Stahl darstellt.

Holz bringt Lebendigkeit in unsere Städte. Zwischen Glas und Beton schaffen Holzbauten eine Verbindung zur Natur. Jedes Gebäude entwickelt dabei seinen eigenen Charakter: Die Maserung zeichnet Muster wie Jahresringe, die Farbtöne reichen von hellem Honig bis zu dunklem Kastanienbraun, und die Oberflächen tragen eine natürliche Patina. Anders als industrielle Baumaterialien atmet Holz mit seiner Umgebung und macht aus jedem Bauwerk ein einzigartiges Stück Architektur. Öffentliche Auftraggeber sind besonders aktiv auf dem architektonischen Experimentierfeld Holzbau. Damit ermöglichen sie der Bauindustrie, Erfahrungen mit Prototypen zu sammeln, die den Holzbau auf allen Ebenen voranbringen können. Die Landesvertretung von Nordrhein-Westfalen in Berlin ist solch ein Vorreiter der modernen Holzbauweise. Der spektakuläre Neubau wurde 2003 mit dem Deutschen Holzbaupreis ausgezeichnet.[87] Er besteht aus Holz, Glas und Stahl, nur im Keller und in den Treppenhäusern kam Beton zum Einsatz. Mit seiner charaktervollen, parabelförmigen Rautenfassade aus Holz wiegt das viergeschossige Bürohaus nur halb so viel wie herkömmliche Häuser vergleichbarer Größe.

Unter den 2023 ausgezeichneten Preisträgern des Deutschen Holzbaupreises findet sich auch das Rathausgebäude der hessischen Stadt Hainburg. Es erinnert eher an einen repräsentativen Pavillon als an ein Verwaltungsgebäude. Der Baukörper strahlt Leichtigkeit aus. Ein Lichthof und ein weiterer Innenhof versorgen den Bau mit Tageslicht und Frischluft. »Ein Holzbau-Schmuckstück«, so urteilte die Jury.

Prämiert wurde auch die sanierte Bundesgeschäftsstelle des Deutschen Alpenvereins in München. Anstatt das bestehende Bürogebäude aus den 1970er-Jahren abzureißen, nutzt der Alpenverein die graue Energie des alten Betonbaukörpers weiter. Der Bestandsbau wurde entkernt und um zwei weitere Geschosse, einen Konferenzsaal im Erdgeschoss sowie ein offenes Atrium mit Treppenhaus ergänzt. Möglich gemacht hat die Aufstockung das geringe Gewicht der Holzbauweise. Die neue Gebäudehülle besteht aus einer sogenannten Pfosten-Riegel-Fassade, die gleichzeitig für Schatten und Frischluft im Gebäude sorgt. Dank des außen angebrachten Holzgerüsts lässt sich der Bau begrünen. Die Jury lobte das Projekt als gelungenes Beispiel für die dringend notwendige energetische und funktionelle Ertüchtigung von Bestandsgebäuden aus den 1960er- bis 1980er-Jahren, wie es sie in allen deutschen Städten gibt.

Für rekordverdächtige Hochhäuser sind eher Dubai, Shanghai oder Saudi-Arabien bekannt. Eines der höchsten Holzhochhäuser weltweit[88] entsteht dagegen 2024 in Hamburg. Es trägt den Namen »Roots«, umfasst 19 Stockwerke mit einer Gesamthöhe von 65 Metern und bietet Platz für Wohnungen, Büros und Ausstellungsfläche. Die Konstruktion zeichnet sich durch eine Kombination aus Beton und Holz aus, wobei nur das zentrale Treppenhaus und der Fundamentstein aus Beton bestehen.

Abschließend möchte ich ein Beispiel aus meiner eigenen Tätigkeit erwähnen: Mit dem renommierten Hugo-Häring-Preis würdigte die Jury das Wohnensemble in Calw. Die vier Mehrfamilienhäuser beschrieb die Jury als »sich nach Süden öffnende Wagenburg«. Die gut gewählte Gebäudestellung schafft einladende Gemeinschaftsflächen und durchdachte Zugangssituationen. Die Jury lobte besonders die Verbindung von nachhaltiger Bauweise und Wirtschaftlichkeit: **In kurzer Bauzeit entstanden klimaschonende, energieeffiziente und dennoch bezahlbare Wohneinheiten.** Das Projekt setzt damit neue Maßstäbe für zeitgemäßes Bauen mit Holz.

Holzbau schön und gut, aber geht's auch schnell und günstig?

Der Baustoff Holz punktet also ökologisch als nachwachsendes Naturprodukt, ästhetisch als lebendiges Material und bautechnisch als vielseitiges Leichtgewicht. Doch weist er auch den Weg zu einem bezahlbaren Zuhause?

Die Wohnungsnot drängt, viele Menschen in Deutschland leben in überbelegten Wohnungen, andere finden erst gar keine Wohnung. Angesichts der immensen Nachfrage müsste die Baubranche boomen. Doch die Baugenehmigungen haben sich in den letzten Jahren halbiert.[89] Der starke Rückgang führt zu dramatischen Einbrüchen beim Wohnungsbau in Deutschland. Hauptgrund sind die zwischen 2020 und 2024 um 42 Prozent[90] gestiegenen Baukosten. Unter den herrschenden Rahmenbedingungen ist eine Neubaumiete schlichtweg nicht mehr bezahlbar.

In den ersten Kapiteln haben wir das tiefe Dilemma untersucht, in dem Deutschland heute steckt: Der Mangel an Wohnraum ist eklatant – die Höhe der Baukosten ist es ebenso. Dazu kamen die rasch gestiegenen Zinsen auf Hypothekenkredite der letzten Jahre. Wir brauchen dringend bezahlbaren und klimafreundlichen Wohnraum. Ästhetisches und nachhaltiges Bauen sowie Sanieren mit Holz funktioniert, das zeigt der

Blick auf die repräsentativen Bauten oben. Doch taugt der Holzweg auch, wenn es um Tempo und Wirtschaftlichkeit geht?

Der Baustoff allein löst das Problem der hohen Baukosten nicht. Doch wenn wir die Idee des seriellen Bauens hinzufügen, eröffnet sich ein weites Feld an Möglichkeiten. Selbst das wirtschaftsliberale Handelsblatt betitelte Anfang 2024 einen Artikel zum Thema Neubau mit »Ist Holz die Lösung?«. Die Vorzüge von Holz sind neben der Klimabilanz vor allem die Möglichkeit zur seriellen Vorfertigung, wodurch bezahlbare Wohnungen vergleichsweise schnell errichtet werden können. Die Bauzeit lässt sich im Vergleich zu konventionellen Projekten wesentlich verkürzen. Ähnlich wie bei Henry Ford am Fließband können Bauteile und komplette Module vorgefertigt werden. Dies führt zu konstanter Qualität und gesteigerter Effizienz, ermöglicht Kosteneinsparungen in Planung und Produktion, hilft Baumängel zu vermeiden und verkürzt die Bauzeiten vor Ort. Unserer Erfahrung nach kann der Mietpreis im Neubau dadurch gesenkt werden. Sinken dazu auch die Kreditzinsen und die staatlich verursachten Kosten, sind noch deutlich niedrigere Mieten möglich. Ein weiterer enormer Hebel zur Kostensenkung liegt wie erwähnt im Reduzieren oder Vereinfachen der Bauvorschriften. **Aktuell müssen rund 3800 DIN-Normen und etliche Förderrichtlinien beachtet werden, die zum Teil fortlaufend angepasst werden.** Hinzu kommen Vorgaben der Landesbauordnung des jeweiligen Bundeslands. Weniger Vorschriften heißt meiner Ansicht nach nicht weniger Sicherheit am Bau – Augenmaß und Pragmatismus funktionieren erfahrungsgemäß gut und gestehen den Verantwortlichen mehr Spielraum zu. Wichtiger als immer mehr Regeln der Technik ist eine sorgfältige Bauplanung. Darauf werden wir in den folgenden Kapiteln noch etwas ausführlicher zu sprechen kommen.

Vier Ziele in Serie erreichen

Mit Wohnraum in serieller Holzbauweise erreicht man vier Ziele gleichzeitig. Erstens wird schneller gebaut, um die grassierende Wohnungsnot zu lindern.

Zweitens schafft man dank hohem Standardisierungsgrad und Vereinfachung kostengünstigen Wohnraum. Das betrifft nicht nur die Bau-, sondern auch die Betriebskosten. Wegen des hohen Holzanteils besitzen die Gebäude ein gutes Raumklima. Ihren minimalen Energiebedarf decken Luftwärmepumpen oder Fernwärme mit Fußbodenheizung. Dazu empfehle ich Photovoltaik und begrünte Retentionsdächer, die Niederschläge zurückhalten und das Mikroklima verbessern.

Ziel Nummer drei betrifft die Ästhetik der Häuser. Die vielen gebauten Beispiele beweisen eindrucksvoll, dass sich Einfachheit und Schönheit keinesfalls ausschließen. Die Holzoptik und Details wie runde Gebäudeecken verleihen den Gebäuden mit dem Werkstoff und seiner Fertigung angemessenen Mitteln eine ansprechende Fassade.

Angesichts des Klimawandels und der damit einhergehenden Herausforderungen für das Bauwesen ist ganz klar die ökologische Nachhaltigkeit das vierte Ziel. Der größte Hebel liegt dabei in einer möglichst langen Nutzungsdauer und der damit verbundenen Reduzierung von CO_2-Emissionen. **Während ein Container auf zehn Jahre Lebensdauer angelegt ist, rechne ich bei gut gebauten Holzhäusern mit einer durchschnittlichen Nutzung von mindestens einhundert Jahren.** Die langfristige Bewohnbarkeit stellen nutzungsneutral konzipierten Räume und flexible Grundrisse sicher. Im Sinne des Kreislaufgedankens wird der Anteil an nachwachsenden Rohstoffen wie Holz, das CO_2 einlagert, maximiert. Die Versiegelung von Flächen wird minimiert, und für die heimischen Tierarten wird gesorgt, indem Nistkästen angebracht werden. Recyclingfreundliche Baustoffe und ein sortenrein rückbaubares Prinzip komplettieren das Konzept. Sollte eines der Häuser in drei oder vier Generationen wirklich nicht mehr nutzbar sein, lassen sich nahezu alle Bauteile einfach voneinander trennen, sortieren und ohne Downcycling wiederverwenden. Das ist echte Nachhaltigkeit – Kreislaufwirtschaft Cradle-to-Cradle.

Holz ist ein Wohlfühlfaktor – und wächst nach

Wir haben festgestellt: Holz hat verschiedene günstige biophysikalische Eigenschaften und birgt riesige Chancen für die WOHNWENDE der nächsten Jahrzehnte. Allein die Tatsache, dass Holz massive CO_2-Speicherungen ermöglicht, verändert die gesamte Ökobilanz eines Gebäudes. Holz ist ein nachwachsender Rohstoff, der sortenrein zusammengefügt und wieder auseinandergebaut werden kann, eine hohe serielle Vorfertigung erlaubt und damit sehr kurze Bauzeiten. Hinzu kommen die Stärken der Leichtigkeit: Auf viele Bestandsgebäude mit Flachdach kann man gut ein Penthouse bauen und damit Wohnraum schaffen. Durch die Serialität lassen sich zudem standardisierte Elemente wiederverwenden: Wände, Decken und Sanitärblöcke können am Fließband produziert werden. Diese Grundmodule lassen sich dann architektonisch individuell gestalten – durch Balkone, charakteristische Fassaden, besondere Dachformen oder markante Eckgestaltungen. In dieser Kombination aus effizienter Serienfertigung und ästhetischer Individualität liegt die Chance für zukunftsweisendes Bauen. Der Brandschutz ist nur emotional herausfordernd, aber kein sachliches Problem.

Und nicht zu vergessen: Wohnen im Holzhaus ist Lebensqualität. Aus eigener Erfahrung und zahlreichen Gesprächen mit Bewohnenden weiß ich, dass Holz ein Wohlfühlfaktor ist, der gerade im sozialen Wohnungsbau einen gewaltigen Unterschied macht. Holz ist eine ehrliche Oberfläche, neutralisiert Gerüche und strahlt Wärme aus. Der geschwungene Holzbalkon oder die gemaserte Holzdecke schaffen eine Verbindung von der Wohnwelt zum Wald. **Den Wald ins Zuhause zu holen, bringt Entspannung, Gesundheit und Naturverbundenheit.** Und hier schließt sich der Kreis. Im Holzhaus leben ist wie Waldbaden. Wird der Holzbau konsequent zu Ende gedacht, bringt er uns auf dem Weg zu einem Zuhause für uns alle ganz entscheidend nach vorn.

KAPITEL 8

Bezahlbar? Aber sicher!

Wie lässt sich Bezahlbarkeit von Wohnungen und Häusern herstellen? Sicherlich nicht, indem wir die Regulierungen und den Komfort immer weiter nach oben treiben. Gefragt sind innovative, einfache Lösungen – und ein staatliches Umlenken, aber auch ein Umdenken bei uns selbst.

Wie immer bei umfassenden Veränderungen spielen die vielen kleinen Schritte die größte Rolle.

Wieso bricht der Wohnbau ausgerechnet in Deutschland zusammen? Bereits in Kapitel 2 haben wir uns mit einigen Ursachen beschäftigt. Verteuert haben sich hierzulande nicht nur Grundstücke, Baumaterial oder Kredite. Extrem gestiegen sind auch die Kosten für das Einhalten von immer mehr Vorgaben und Standards – zur Barrierefreiheit, zum Brandschutz, zur Energieeffizienz und vielem mehr. Das verteuert und verlängert Bauvorhaben immens. Eine einfache Wohnung fertigzustellen, dauert in Deutschland im Jahr 2023 knapp 60 Monate – und damit doppelt so lange wie 2014.[91] Das Empire State Building in New York wurde übrigens in nur 15 Monaten fertiggestellt. Ich kann nicht sagen, wie viele Bauvorschriften damals in den USA zu erfüllen waren. Aber ich weiß, dass sich ihre Zahl in Deutschland in den vergangenen 20 Jahren vervierfacht hat. Von 5000 stieg die Zahl der Bauvorschriften bei uns auf rund 20 000 an.

Nicht nur bei den Normen und Vorschriften ist Deutschland einsame Spitze. Insgesamt liegt die Quote der vom Staat verursachten Baukosten je nach Rechenmodell bei bis zu 37 Prozent. Sprich: Der Staat, der sich gerne als großzügiger Förderer von Wohnraum gibt, kassiert ab. Am Immobilienboom, der bis zur Zinswende rund 12 Jahre[92] anhielt, hat er kräftig mitverdient und Milliarden an Steuern[93] eingestrichen. Sogar im sozialen Wohnungsbau. **Menschen am Rande der Gesellschaft finden demnach keinen Wohnraum, weil der Staat gierig die Hand aufhält.**

Die staatliche Marge liegt mehr als doppelt so hoch wie die eines Projektentwicklers oder Bauträgers – dabei trägt der Staat nicht einmal Risiken wie zum Beispiel die Gewährleistungspflicht. Wie kann es also sein, dass ich für die Übernachtung in einem Luxushotel nur 7 Prozent Mehrwertsteuer bezahle, für den Bau von Wohnraum jedoch 19 Prozent[94]?

Ein kurzer Blick auf die Zusammensetzung dieser immensen »Staatsquote« zeigt: Die großen Posten sind die Umsatzsteuer, die Grunderwerbsteuer und die Notarkosten für Immobilien. Dazu kommen Auflagen für den Wohnungsbau wie die sozialgerechte Bodennutzung (ein Instrument der Stadtplanung, bei dem Grundstückseigentümer an den Kosten für Infrastruktur und sozialen Wohnraum beteiligt werden, um soziale Gerechtigkeit und nachhaltige Stadtentwicklung zu fördern). Auch der Posten für starre technische Normen und Qualitätsstandards sowie energetische Anforderungen kommt teuer.

Sicher agiert der Staat nicht in luftleerem Raum: Ein Teil dieser exorbitant gestiegenen Anzahl von Normen geht zurück auf das in unserer Gesellschaft stark angewachsene Sicherheitsbedürfnis und Anspruchsdenken (und auch sicherlich eine kräftige Prise Lobbyarbeit, aber das ist ein anderes Thema).

Aus meiner Sicht sollte die Umsatzsteuer im sozial geförderten Wohnungsbau auf 7 Prozent gesenkt werden, damit wieder mehr gebaut wird. **Der Staat bereichert sich an den finanziell Schwächeren und macht sie anschließend durch Bürgergeld und Wohnkostenzuschuss erneut abhängig, anstatt sie zu eigenverantwortlichen Bürgern zu befähigen.** Das ist nicht nur demütigend, sondern auch wirtschaftlich unsinnig.

Endliche Ressourcen versus endlose Erwartungen

Ich bin kein Mensch, der gern die Hände in den Schoß legt und sagt: »Staat, sorg für mich.« Deshalb ist es mir wichtig, Handlungsspielräume für jeden Einzelnen von uns zu beleuchten. Und diese Spielräume lassen sich vergrößern, wenn wir unsere Ansprüche hinterfragen. Früher konnte sich eine Facharbeiterfamilie ein Haus bauen. Heute leben viele dieser Familien knapp unter der Einkunftsschwelle, an der sie staatliche Hilfen beantragen könnten. Statt um ein eigenes Bauvorhaben kreisen ihre Gedanken eher um die Frage, wie sie die gestiegenen Nebenkosten und dazu den Schullandheimaufenthalt der Kinder bezahlen sollen. Ja, alles richtig. Andererseits: Als die Generation unserer Großeltern oder Eltern gebaut hat, herrschte noch ein anderes Mindset. Anfang der 1970er- und 1980er-Jahre zum Beispiel lagen die Bauzinsen bei mehr als 8 Prozent[95], da waren Urlaubsreisen und andere Extras oftmals über Jahre hinweg nicht drin. Diese Bereitschaft, für den großen Traum vom Eigenheim in anderen Bereichen zurückzustecken, ist heute bei vielen verloren gegangen.

Wir wollen Biogemüse und neue Klamotten kaufen, in den Urlaub reisen, Netflix schauen und gleichzeitig in einem schönen Haus oder einer tollen Wohnung leben. Spätestens seit dem Ende der Null-Prozent-Finanzierung funktioniert das nicht mehr. Doch wir haben uns eingenistet in einer glitzernden Konsumwelt, die uns vorgaukelt, dass wir immer alles haben können. Kreuzfahrt und Kurztrip, Smartphone und Sofagarnitur, gerne auch auf Pump. Mehr und mehr zwingt uns jedoch die Klimakrise zum Umdenken. Denn eines ist klar: In einer Welt endlicher Ressourcen können unsere Ansprüche nicht länger endlos wachsen. Der Preis, den wir und vor allem die nachfolgenden Generationen für die Annehmlichkeiten eines guten Lebens zahlen müssten, ist zu hoch. Die Ansprüche haben sich verändert – an den eigenen Lebensstil, aber auch an das Eigenheim. Aber um genug Geld für das Haus anzusparen, braucht es Disziplin, den Verzicht auf große Reisen oder auf viele Restaurantbesuche.

Unsere Eltern und Großeltern haben massenweise Überstunden gemacht, heute wird die Einführung der Vier-Tage-Woche diskutiert. Die nötige Selbstdisziplinierung hätten junge Leute im Vergleich zu früheren Generationen nicht, so ein häufiger Vorwurf. Urlaube und Freizeit haben tatsächlich heute einen höheren Stellenwert als früher. Doch alles geht nicht. Und so wird das alte, neue Statussymbol Eigenheim für immer mehr junge Leute ein lebenslanger Traum bleiben.

Sehnsucht nach Sicherheit

Die durchlebten Krisen und das damit einhergehende Gefühl, dass man es nicht mehr automatisch besser haben wird als die eigenen Eltern, führen zu einer wachsenden Verunsicherung innerhalb der Gesellschaft. Auch die Frage nach bezahlbarem Wohnraum ist ein Angstthema: Werde ich umziehen müssen? Was passiert, wenn ich wegen Eigenbedarf aus meiner günstigen Wohnung fliege? Kann ich weiter für Miete und Nebenkosten aufkommen?

Wir alle haben davon gehört, dass Mietern Verträge wegen Eigenbedarfs oder Umbau gekündigt wurden. Angesichts des Mangels an Wohnraum verunsichern uns solche Geschichten besonders. Doch so einfach ist es für Vermieter in Deutschland nicht, Mieterinnen zu kündigen. Eigenbedarf zum Beispiel muss genau begründet werden und ist nur erlaubt, wenn der Wohnraum selbst oder für nahe Verwandte benötigt wird. Auch wenn eine Familie mit der Miete erheblich in Rückstand ist, kann die Vermieterin sie nicht einfach auf die Straße setzen. Das geht nur mit gerichtlich angeordneter Räumungsklage.

Tatsächlich ist das deutsche Mietrecht ein engmaschiges Sicherheitsnetz. Im Vergleich zu Ländern wie den USA bietet es umfassenden Schutz für Mieterinnen und Mieter. Wer weiter auf Nummer sicher gehen will, kann sich bei einem gemeinwohlorientierten Wohnungsunternehmen einmieten oder Mitglied einer Genossenschaft werden. Genossenschaften bieten in der Regel lebenslanges Wohnrecht und können einen Mietvertrag nicht aus Gründen wie Eigenbedarf kündigen. Wer etwas Eigenkapital angespart hat und sich nach der Sicherheit der eigenen vier Wänden sehnt, kann sich auch an einer Baugemeinschaft beteiligen. Als Teil einer Baugruppe Wohneigentum zu schaffen, ist günstiger als im Alleingang und kann auf Dauer eine Alternative zur Miete sein.

Der Blick auf objektive Sicherheiten lindert ein wenig die wabernde Angst, die angesichts von Medienberichten, Posts in sozialen Medien oder Erzählungen aus dem Bekanntenkreis in uns aufsteigt. Dennoch muss man schon sehr resilient sein, um in dieser Zeit der multiplen Krisen und Umwälzungen keinerlei Zukunftsängste zu verspüren.

In Lösungen denken

Wie also bekommen wir die Kosten runter, damit das Bauen und die Mieten bezahlbar werden? An welchen Schrauben können wir kurz- und mittelfristig drehen, und was müsste sich langfristig ändern? Wer ist gefragt, damit wir ausreichend bezahlbaren Wohnraum für die Menschen in diesem Land haben?

Das sind große Fragen, auf die es keine einfachen Antworten gibt. Aber es gibt Wege dorthin, und um die soll es nun gehen. Dabei sind wir als Einzelne gefragt, Verantwortung für die Gesellschaft zu übernehmen. Doch bevor ich das näher ausführe, komme ich am Staat nicht vorbei. Denn seine Einflussgröße lässt sich nicht wegdiskutieren. **Mit aktiver und passiver Förderung für den Wohnungsbau hat der Staat wichtige Stellschrauben in der Hand.** Doch so großzügig er sich gerne darstellt, so gierig verschlingt er auch Gelder in Form von Steuern und Abgaben – und das selbst beim sogenannten sozialen Wohnungsbau. Insgesamt belaufen sich die finanziellen Belastungen aufgrund von staatlichen Auflagen und Abgaben auf bis zu 37 Prozent[96]. Heißt konkret: Von 100 Euro Kosten gehen 37 Euro an den Staat, beziehungsweise sind von ihm verursacht. Wie sich dieser Anteil zusammensetzt, habe ich weiter oben schon beschrieben. Ich greife die Zahl hier aus gutem Grund wieder auf, denn in ihr liegt ein starker Hebel: Die aktive Wohnungsbauförderung von Staats wegen ist demnach nur einer von mehreren Wegen, für mehr Bezahlbarkeit zu sorgen. **Würde der Bund auf einen Teil der Umsatzsteuereinnahmen verzichten, ließe sich die WOHNWENDE leichter realisieren.** Die Grunderwerbsteuer ist Ländersache, doch auch sie ist ein Hebel hin zu bezahlbarem Wohnen.

Wer in den Niederlanden[97] Wohnraum kauft, um selbst darin zu wohnen, be-

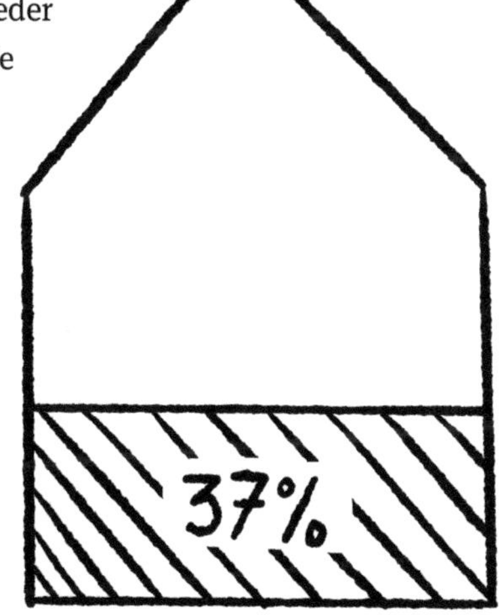

zahlt zum Beispiel nur zwei Prozent Grunderwerbsteuer. Menschen unter 35 Jahren kann die Steuer sogar komplett erlassen werden. Für mehr Tempo im Wohnungsbau haben die Niederländer ihr Baugesetzbuch schon 2010 um rund ein Viertel der Vorschriften erleichtert. Wie überall in der EU belasten auch dort hohe Zinsen den Immobilienkauf, doch die darf man von der Steuer absetzen. Kein Wunder also, dass die Zahl der gebauten Wohnungen in den Niederlanden laut Prognosen stabil bleibt, während sie in Deutschland eingebrochen ist.

Ideen finden sich auch auf der anderen Seite des Erdballs: Neuseeland[98] hatte bis vor wenigen Jahren mit großer Wohnraumknappheit zu kämpfen. Bis das Land begann, seine Planungsregeln zu ändern. In den fünf größten Städten des Landes dürfen nun auf allen Grundstücken, die für Einfamilienhäuser vorgesehen waren, Mehrfamilienhäuser gebaut werden – maximal dreistöckig und mit mindestens drei Wohnungen. Das im Herbst 2021 verabschiedete Gesetz zeigte schnell Wirkung: Bereits zwei Jahre später entstehen pro Quartal 32 Prozent mehr Wohnungen.

Doch auch bei uns gibt es gute Beispiele. Freunde von mir sanieren derzeit ein großes Mehrfamilienhaus. Zur Finanzierung bekamen sie ein KfW-Darlehen über 600 000 Euro. Der Zinssatz liegt unter zwei Prozent, etwa ein Drittel des Darlehens ist ein steuerfreier Zuschuss. Sprich: Sie bekommen fast 200 000 Euro vom Staat, um ein altes Gebäude auf modernen Stand zu bringen. Das sind genau die Anreize, die wir brauchen.

Bei der Vergabe von Fördermitteln wünsche ich mir mehr Konstanz. Hilfreich wären auch weniger enge Vorschriften und damit mehr Raum für gesunden Menschenverstand.

Bei einem von uns erstellten Bauprojekt zum Beispiel war bereits ein kommunaler Nahwärmeanschluss auf dem Grundstück vorhanden. Für mich eine erfreuliche Nachricht, denn mit Nahwärme heizen wir nachhaltig und sparen die Kosten für die vier Luft-Wärme-Pumpen ein. Auch im Betrieb wären die Nebenkosten für die Nahwärme geringer. Aus meiner Sicht eine Win-win-Situation für den geförderten Wohnungsbau. Doch dann kam die Überraschung: Falls wir an das vorhandene Nahwärmenetz anschließen, fallen wir aus der Effizienzhaus-Stufe 40 heraus und erhalten den einkalkulierten KfW-Kredit nicht. Mit der Nahwärme wäre der Primärenergiefaktor zu hoch, sprich, es würde zu wenig regenerative Energie in die Wärmeerzeugung fließen. Bei solchen Situationen kann ich nur den Kopf schütteln: Wie kann es sein, dass Nachhaltigkeit in der Praxis an solchen Punkten scheitert?

Auch eine Vereinfachung der Bauvorschriften wäre ein großer Schritt nach vorn. Anders als in den vorhin erwähnten Niederlanden haben wir allerdings nur zum Teil bundesweit gültige Vorschriften und Verordnungen. In einem föderalistischen Land unterscheiden sich die Regelungen von Bundesland zu Bundesland. Sogar auf kommunaler Ebene gibt es Unterschiede. Da stoße ich in meinem eigenen Arbeitsalltag immer wieder auf unerwartete Hürden. Obwohl wir seriell bauen, gibt es an jedem Standort neue Punkte zu klären. Es ist keineswegs sicher, dass eine in Baden-Württemberg erteilte Baugenehmigung auch in Hessen grünes Licht erhält.

Gebäudetyp E: Chance zur Kostensenkung?

Derzeit wird der Gebäudetyp E als eine neue, große Chance zur Baukostensenkung gesehen – von der Politik propagiert, von den Fachleuten diskutiert.

»Mit dem Gebäudetyp-E-Gesetz soll es für die Beteiligten von Bauprojekten einfacher werden, von gesetzlich nicht zwingenden Standards abzuweichen. Insbesondere die Abweichung von reinen Komfort- und Ausstattungsstandards soll einfacher werden. Abstriche bei Sicherheit und Wohngesundheit sind mit dem Gebäudetyp-E-Gesetz nicht verbunden. Nach Schätzungen von Fachleuten lassen sich durch den Verzicht auf Komfortstandards bis zu 25 Prozent der Herstellungskosten einsparen.«[99]

Der Gebäudetyp E hat jedoch ein grundsätzliches Problem. Statt Normen nur zu relativieren oder abzuschwächen, gilt es auszusortieren und eventuell Normen mit verschiedenen Standards zu definieren. Es gibt in einer Norm dann nicht nur einen Standard, sondern einen hohen, mittleren und niedrigen Standard. Beim Gebäudetyp E wird nicht an der eigentlichen Ursache gearbeitet, sondern man versucht, über privatrechtliche Vertragskonstruktionen einen niedrigeren Standard zu vereinfachen. Die Idee ist gut, die Umsetzung, die vor allen Dingen von den Architekten vorangetrieben wurde, ist aus meiner Sicht fraglich. Denn wie bewerten Versicherungen, Banken und spätere Eigentümer die niedrigeren Bauqualitäten oder Niveaus? Und lassen sich durch die Vorschläge, die momentan im Raum stehen, wie Reduzierung von Deckenhöhen oder der Anzahl von Steckdosen, wirklich so viele Kosten einsparen, dass Bauen wieder zu bezahlbaren Mieten führt?

Ich möchte keinesfalls über die Zuständigen in den Ämtern schimpfen. Im Gegenteil: Es ist mir wichtig, mit ihnen gemeinsam einen offenen Dialog zu führen. Denn wenn ich mir anschaue, womit sich etwa die Leiterin eines Baurechtsamts den ganzen Tag befassen muss, kann ich ihre Haltung oft besser nachvollziehen. Unterm Strich wäre meiner Meinung nach allen geholfen, wenn wir weniger Vorschriften hätten. Wenn alles normiert ist, bleibt kaum Raum für Ingenieurskunst und menschlichen Sachverstand. Zudem mahlen die Mühlen aufgrund der vielen Vorgaben zu langsam, denn diese müssen alle überprüft werden. Das kostet Zeit und Arbeitskraft. Es ist doch unzumutbar für eine Familie, die ein Grundstück gekauft hat und Bereitstellungszinsen bezahlt, zwischen sechs Monaten und bis zu einem Jahr auf eine Baugenehmigung zu warten! Ich frage mich: Warum kann eigentlich keine Künstliche Intelligenz die Vorprüfung von Baugenehmigungen übernehmen? Das wäre doch eine gute Basis, um offene Punkte zu klären und dann eine finale Baugenehmigung zu erteilen. Die Vorprüfung würde nur Sekunden benötigen und nicht Monate.

Der Staat in Form von Bund, Ländern und Kommunen kann also aktiv und passiv viel dazu beitragen, Wohnen bezahlbarer zu machen. Aktiv zum Beispiel durch Förderprogramme, günstige Darlehen und Tilgungszuschüsse. Passiv durch Verzicht auf Steuereinnahmen und ein Entzerren der geltenden Normen und Auflagen. Doch es wäre zu kurz gegriffen, nur die öffentliche Hand in der Pflicht zu sehen. Die Immobilienwirtschaft ist ebenso gefragt wie jede und jeder Einzelne von uns.

Vom Wohnfrust zur Wohnlust

Sarah und Manuel sind ein Paar Mitte 40. Die Logopädin und der IT-Administrator aus Tübingen wohnen zur Miete in einer Dreizimmerwohnung. Nun suchen sie eine Eigentumswohnung, die ebenfalls drei Zimmer haben soll.

»Weniger als drei Zimmer sind für uns zu zweit und auf Dauer indiskutabel. Wir bekommen häufig Besuch von Manuels Eltern aus dem Norden Deutschlands und haben einen weit verstreuten Freundeskreis. Zudem arbeitet vor allem Manuel häufig im Homeoffice.«

Doch als die beiden in der Wirklichkeit des angespannten Wohnungsmarktes ankommen – hohe Preise, wenige Angebote –, denken sie um. Schließlich unterschreiben sie den Kaufvertrag für eine Zweizimmerwohnung in einem geplanten Neubau mit vier separaten Wohneinheiten. Dazu kommen Flächen, die allen im Haus zur Verfügung stehen: ein Übernachtungszimmer für Gäste, ein Dachgarten und ein großer Raum mit Kochnische, in dem gearbeitet und gefeiert werden kann. Sarah und Manuel kaufen damit weniger eigene Quadratmeter als geplant. Dennoch müssen sie nicht verzichten.

»Ich empfinde dieses Konzept sogar als großen Gewinn«, bestätigt Sarah. »Denn wir teilen die Bereiche, die wir selbst nicht dauernd brauchen. Wie zum Beispiel ein Gästezimmer oder einen großen Raum für Familienfeste. Diese Räume stehen uns bei Bedarf zur Verfügung, wir müssen sie jedoch nicht komplett selbst finanzieren. Stattdessen teilen wir uns Kosten und Instandhaltung der Räume.«

Dieser Trend zur Sharing Economy, bei dem Ressourcen gemeinsam genutzt werden, hat meiner Ansicht nach großes Potenzial im Bereich Wohnen.

Als ich in einem Wohnbauforum auf Sarahs Geschichte stieß, kam mir Markus aus München wieder in den Sinn. In Kapitel 2 habe ich den alleinstehenden Manager erwähnt: Er bezahlt 2500 Euro kalt für eine Zweizimmerwohnung in München-Schwabing und vermisst ein Gästezimmer. In seiner Wohnanlage gibt es zwar noch kein gemeinschaftliches Gästezimmer. Aber ein Boardinghouse oder ein Hotelzimmer in der Nähe erfüllt leicht denselben Zweck. Das wäre für einige Nächte pro Jahr deutlich günstiger, als einen weiteren Raum zu mieten, der die meiste Zeit leer steht. Ohne auf Komfort zu verzichten, freundet sich Markus bestenfalls mit seiner schicken Zweizimmerwohnung an, anstatt allein eine Dreizimmerwohnung zu belegen, in der an seiner Stelle eine ganze Familie unterkommen könnte.

Warum ich das erzähle? **Weil ich überzeugt davon bin, dass uns auch kleine Schritte zu einer Wende im Wohnen führen. Vor allem, wenn möglichst viele Menschen sie gehen.** Zudem hilft der Blick auf die kleinen, machbaren Schritte vor der drohenden Lähmung durch ein übermächtig erscheinendes großes Ganzes. Damit meine ich den bereits erläuterten Cocktail aus Krisen, der die Preise für Wohnen zum Überschäumen bringt: generelle Wohnungsknappheit, Bevölkerungswachstum und Migration, eine Inflation, die Zinsen und Mietnebenkosten in die Höhe treibt, den Ukrainekrieg und seine Auswirkungen auf den Energiepreis und über all dem den Klimawandel mit seinen Konsequenzen für den Wohnungsmarkt vor Ort. Die kleinen Schritte sind ein Anfang. Wer im Kleinen trainiert, in neue Richtungen zu denken, wird mit größeren Umwälzungen besser zurechtkommen.

Ökologisch und ökonomisch bauen: Vom Wunsch zur Wirklichkeit

Nicht nur bei der Zahl der Zimmer pro Wohnung oder der Wohnfläche pro Person ist Umdenken gefragt. Naheliegend ist es auch, die Ausstattung des gesamten Gebäudes zu hinterfragen. Die ist oft verknüpft mit den komplexen Regeln des Bauens. Was mich zu der Idee bringt, an den Regeln selbst zu sparen. Treppenhäuser und Flure in

Mehrfamilienhäusern zum Beispiel lassen sich kostengünstig durch Laubengänge ersetzen. Der Verzicht auf den Aufzug zum Beispiel senkt die Bau- und Betriebskosten deutlich, widerspricht allerdings den Regeln für die Barrierefreiheit. Die gesetzlich vorgeschriebene Zahl der Pkw-Stellplätze verteuert einen Neubau um rund 15 Prozent. Doch ist die genormte Anzahl in Zeiten von urbanem Carsharing noch notwendig? Mit all diesen Beispielen will ich zeigen: **Wir haben uns an so viele Standards und Regeln gewöhnt. Es wird Zeit, sie zu hinterfragen.**

Gibt es also Werkzeuge mit Hebelwirkung, die mehrere Probleme auf einmal lösen? Mit denen Wohnen wieder bezahlbar wird und gleichzeitig ökologisch? Aus meiner eigenen Praxis und zahlreichen Gesprächen weiß ich: Die gibt es. Wie jede Veränderung erfordern sie Mut, Offenheit und neues Denken. Schon im letzten Kapitel habe ich das Konzept der seriellen Bauweise vorgestellt. Damit gelingt es beispielsweise, Tempo in den Neubau zu bringen: Drei bis sechs Monate Bauzeit sind möglich. Konventionell dauern das Planen und Umsetzen deutlich länger. Rund 50 dieser Gebäude aus Holz habe ich bereits begleitet und umgesetzt. Im Sinne der Kreislaufwirtschaft habe ich beim Bau immer das Ende im Blick: Die Häuser sollten kreislauffähig sein – nach Ablauf ihres Lebenszyklus lassen sie sich sortenrein auseinandernehmen und entsprechend unkompliziert recyceln oder entsorgen.

Bauen nach dem Baukasten-Prinzip

Jetzt nehme ich Sie mit auf die Baustelle und zeige Ihnen, wie serielles, nachhaltiges, bezahlbares Bauen in der Praxis funktioniert. Der Begriff »seriell« steht für einen möglichst hohen Vorfertigungsgrad und das Verwenden immer wieder ähnlicher, standardisierter Elemente. Ein wichtiges Element sind auch skalierbare Grundrisse und das Achsenkonzept. Das hat den klaren Vorteil, dass schon beim ersten Blick aufs Grundstück klar ist, was darauf entstehen kann. Wir fangen nicht bei null an. Statt zu überlegen, was gebaut werden kann und soll, ist die Leitfrage für die Projektentwicklung klar: Wie können wir unser Konzept auf dem vorhandenen Grundstück wirtschaftlich umsetzen? Das lässt sich anhand von 3D-Modulen und inzwischen sogar mit KI-Unterstützung relativ einfach visualisieren. Damit überspringen wir den riesigen Vorlauf der individuellen Planung, denn Entwurf, Tragwerk und Brandschutzkonzept liegen bereits vor. So können wir innerhalb von nur zwei Wochen den Bauantrag stellen.

Ein besonderes Highlight der Holzbauweise zeigt sich in der beeindruckend kurzen Bauzeit: Innerhalb von nur acht Arbeitstagen entstand so zum Beispiel die regendichte Hülle eines dreigeschossigen Gebäudes, das Platz für 60 Menschen bietet. Diese Geschwindigkeit ist kein Zufall, sondern das Ergebnis einer durchdachten Planung, präziser Vorfertigung und einer eingespielten Zusammenarbeit aller Beteiligten. Die Wohngebäude planen wir im Büro, fertigen sämtliche Elemente in der Werkhalle vor und fügen sie auf der Baustelle wie Legosteine zusammen. In der Planung geht es zunächst um die Größe des Gebäudes. Je nach gewünschter Länge, Breite und Höhe des Gebäudes fügen wir die passende Anzahl der standardisierten Rastermaße aneinander zu einem kompakten Baukörper. Schon bei der Planung werden die Anforderungen an Nachhaltigkeit, Barrierefreiheit und Nachnutzungsmöglichkeiten berücksichtigt – und so die Effizienz weiter erhöht.

Für die Produktion arbeite ich unter anderem mit dem Holzbauer WoodRocks in Bregenz zusammen. Uns verbindet der Grundgedanke, dass wir immer versuchen, den Menschen in den Mittelpunkt stellen. Unsere Gebäude und die Produktion sind nach den Bedürfnissen der Menschen vor Ort aufgebaut. Nicht andersherum. Die Produktion ist so einfach strukturiert, dass jede und jeder mitarbeiten kann, selbst ein ungelehrter Handwerker wie ich.

Das Konstruktionsprinzip basiert auf drei Bausteinen. Erstens gibt es Wandmodule im gängigen Raster von 62,5 Zentimeter Breite. Sie werden in Holzständerbauweise errichtet und weisen einen hohen Vorfertigungsgrad auf, inklusive Fenster und vorvergrauter Holzfassade. Der zweite Baustein ist das Sanitärmodul mit komplett vorgefertigten Sanitärzellen inklusive Oberflächen, Waschbecken, Toilette und Duscharmatur. Drittens entsteht die passende Holzdecke für die Wände und Module.

Vor Ort setzen wir das Gebäude in Turmbauweise zusammen, von unten nach oben. Als Erstes wird das Treppenhaus gesetzt, dann die Wände und die vorgefertigten Sanitärzellen. Obendrauf kommt die Massiv-Holzdecke und darauf direkt das nächste Stockwerk.

Die notwendigen Strom- und Wasserleitungen sind bereits in den Sanitäreinheiten montiert und werden nur noch vor Ort verbunden und angeschlossen. Das reduziert das Fehlerrisiko und bringt Geschwindigkeit. Bei uns sind fast alle Gewerke gleichzeitig auf der Baustelle, was die Bauzeit immens verkürzt. Das erzeugt unter allen Beteiligten ein besonderes Gemeinschaftsgefühl – es wird zusammengearbeitet und sich gegenseitig unterstützt. Anders als bei der traditionellen Bauweise, bei der die Gewerke nacheinander und isoliert arbeiten, entsteht hier ein echtes Teamwork. Die Präzision und Geschwindigkeit zeigen, wie Holzbau durch Innovation und Teamarbeit selbst bei komplexen Projekten Maßstäbe setzt – ein entscheidender Schritt für die Zukunft des Bauens.

Serieller Holzbau in der Praxis

Serieller Holzbau funktioniert für Familien, Geflüchtete, Mitarbeitende, Studierende oder barrierefrei für Senioren. In jedem Fall entstehen die Wohngebäude auf Basis eines seriellen Baukastens. In ihrer Länge, Höhe und Breite sind die Gebäude variabel. Die Gebäude sehen also nicht alle gleich aus, basieren jedoch alle auf demselben Raster und immer gleichen Bauteilen. Sogenannte Add-ons wie Balkone, PV-Anlagen oder Fassadenbegrünung verleihen den Gebäuden ein individuelles Aussehen.

Für die Anschlussunterbringung von Geflüchteten haben ich mit den Architekten von andOFFICE einen Gebäudetyp entwickelt, der von der Nachnutzung her gedacht wird. Er bietet große Varianz und Flexibilität, besteht aus langlebigen Materialien und erinnert von außen in keiner Weise an die Containerbauten, die man gemeinhin mit Wohnraum für Geflüchtete assoziiert. **Schon beim Ankommen merkt man, dass hier etwas anders ist. Denn bereits der Baustoff Holz birgt mehr Lebensqualität. Das spüren die Bewohnenden und geben stärker acht auf ihr neues Zuhause.** Zudem wirkt die Holzkonstruktion auch im Stadtbild nicht als Fremdkörper, sondern integrativ. Wir wollen ganz klar weg von traurigen und trostlosen Containern hin zu würdigen Orten, an denen Menschen ankommen und Teil der Gesellschaft werden können. Das unterstreicht auch Thorsten Blatter, Partner bei andOFFICE: »Als Architekten machen wir keinen Unterschied zwischen Geflüchtetenwohnen und bezahlbarem Wohnraum, weil immer der Mensch im Mittelpunkt steht.«

Schon bei der Planung an die Nachnutzung zu denken, bedeutet konkret: Damit zum Beispiel eine Geflüchteten-WG später als öffentlich geförderter und kostengünstiger Wohnraum genutzt werden kann, sind lediglich minimale Eingriffe notwendig. Indem wir eine Trennwand herausnehmen, fällt ein Schlafraum weg und es entsteht ein klassischer Wohnbereich für Küche, Essen und Wohnen. Durch nachträglich hinzugefügte Balkone gewinnt jede Wohnung an Attraktivität.

Zurück zur Plattenbau-Ästhetik?

Kritische Stimmen unken, mit seriell gebauten Gebäuden hielte der Plattenbau 2.0 Einzug. Da geht direkt das Kopfkino an: anonyme Wohnkomplexe, erstellt aus Betonfertigteilen und aufgereiht zu Trabantenstädten mit gigantischen Ausmaßen, anonym und hässlich. Hatten wir die nicht hinter uns gelassen? Heute soll Wohnen nicht nur bezahlbar und ökologisch sein, es soll auch den Wert des Menschen widerspiegeln. Dabei lassen sich Ästhetik und Ökonomie gut vereinen. Übrigens: Wenn jeder baut, wie er will, ist das Ergebnis auch nicht unbedingt eine Fotostrecke in »Schöner Wohnen« wert. **Serielles Bauen ist die Chance, nachhaltige Wohnviertel aus einem Guss zu erstellen.** Der vermeintliche Vergleich mit dem ollen Plattenbau ist technisch und ästhetisch überholt. Ich würde sofort in jedes der von mir erbauten Häuser einziehen, weil sie gestalterisch außen wie innen wunderschön sind.

Architekten sind bekanntlich Ästheten. Der Bund Deutscher Architektinnen und Architekten BDA in Baden-Württemberg verleiht alle drei Jahre den renommierten Hugo-Häring-Preis für vorbildliche Bauwerke. Prämiert wurde 2023 der seriell errichtete Campus in Calw im Schwarzwald mit seiner hochwertigen und kommunikativen Architektur gepaart mit einem funktionalen Konzept für bezahlbare Mieten.

»Ein starkes Stück Baukultur«, bescheinigte die Juroren des Hugo-Häring-Preises für Architektur dem Gebäudekomplex. Das hat mich irrsinnig gefreut und auch ein bisschen stolz gemacht, denn mit den weichen, geschwungenen Formen wird gezeigt, dass bezahlbarer Wohnraum nichts mit dem Plattenbau-Charme alter Schule zu tun haben muss. Im Gegenteil: Die Gebäude sollen einladend wirken. Insbesondere, da vier Fünftel der darin befindlichen Wohnungen als bezahlbarer Wohnraum gebaut wurden.

Die Mieten liegen 30 bis 40 Prozent unter der ortsüblichen Neubaumiete. Die Auszeichnungen wurde allerdings nicht nur für die Verbindung von Ästhetik und Ökonomie vergeben. Natürlich spielte die Ökologie der Gebäude eine entscheidende Rolle bei der Preisvergabe. Für die Bewohnerinnen und Bewohner heißt das: Gebäudedämmung, Wärme-pumpen und Photovoltaikanlagen minimieren gemeinsam den Energiebedarf und damit die Nebenkosten.

Das Architekturkonzept ist ebenfalls »wiederverwendbar«. Modular können wir es an die jeweiligen Gegebenheiten vor Ort anpassen, mit drei bis acht Gebäudeachsen und bis zu vier Geschossen. Die Grundrisse der einzelnen Wohnungen entsprechen den Vorgaben für einen Wohnberechtigungsschein. Auch ohne teure Aufzüge ist ein Teil der Wohnungen barrierefrei – nämlich im Erdgeschoss.

»Serielles Bauen ist der größte Hebel gegen die Wohnungsnot, insbesondere bei sozial geförderten Wohnungen«, zu diesem Schluss kommt auch Sebastian Theopold von der Münchener Unternehmensberatung Munich Strategy, der sich in einer Studie mit den großen Vorteilen der »Lego-Bauweise« beschäftigt.

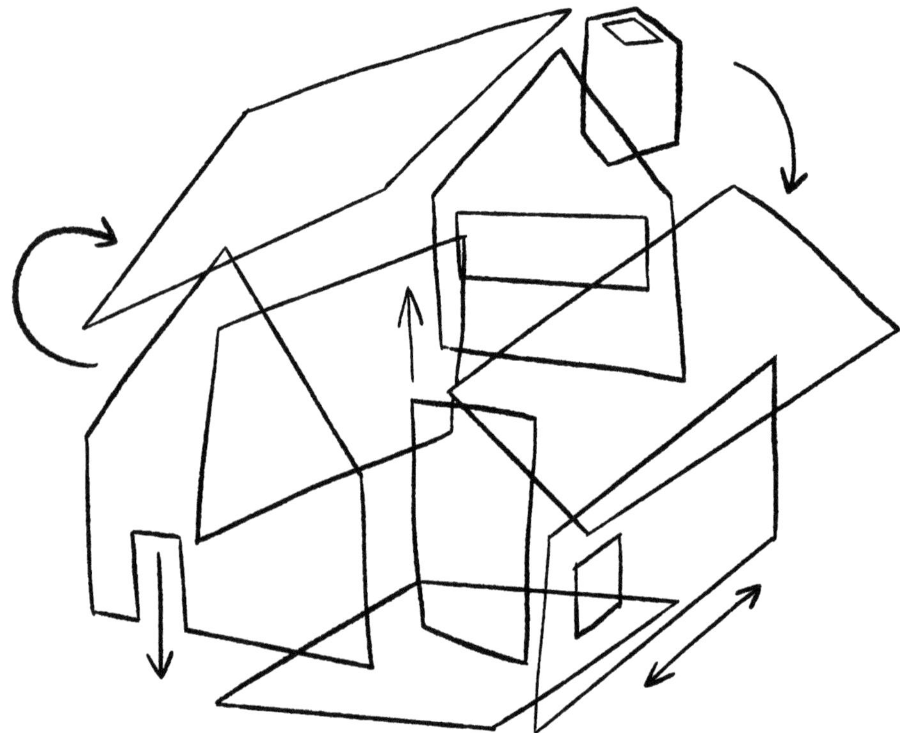

Legen wir los!

Das serielle Bauen ist meiner Ansicht nach nicht nur für den sozialen Wohnungsbau sinnvoll. Ganz unterschiedliche Wohnformen lassen sich damit ökonomisch, ökologisch und vor allem zeitnah erstellen – vom Tiny House bis zum Mehrgenerationenhaus.

Doch wenn wir schnell ausreichend bezahlbaren Wohnraum schaffen wollen, ist nicht nur im Neubau Umdenken gefragt. **Nachverdichtung ist ein weiterer Ansatz, mit dem sich mehr Wohnraum schaffen lässt, ohne noch mehr Flächen zu versiegeln.** In Deutschland, wo in den meisten Gegenden maximal dreigeschossig gebaut wird, gibt es dafür viel Potenzial, denn in vielen Städten und Gemeinden ist die bauliche Ausnutzung der Grundstücke längst nicht ausgeschöpft. Vor allem in Wohngegenden, die von eingeschossigen Einfamilienhäusern oder höchstens dreigeschossigen Bauten geprägt sind, schlummert eine ungenutzte Reserve, die durch Aufstockungen oder den Ausbau von Dachgeschossen aktiviert werden könnte.

Ein besonders spannender Gedanke ist es, bestehende Gebäude systematisch um zusätzliche Stockwerke zu erweitern – etwa durch die Errichtung von Penthouses auf Flachdächern oder durch vorgefertigte Module, die schnell und kosteneffizient montiert werden können. Solche Maßnahmen würden nicht nur dringend benötigten Wohnraum schaffen, sondern auch einen Beitrag zur Modernisierung des bestehenden Gebäudebestands leisten.

Darüber hinaus steigert die Nachverdichtung die Attraktivität bestehender Quartiere: Die Schaffung neuer Wohneinheiten geht oft Hand in Hand mit der Aufwertung der umliegenden Infrastruktur. Zusätzliche Wohnungen bringen neue Bewohner in die Viertel, was wiederum zu einer besseren Auslastung von Geschäften, Dienstleistern und öffentlichem Nahverkehr führt. Dadurch entsteht ein Kreislauf, der bestehende Stadtteile lebendiger und wirtschaftlich stabiler macht. Nachverdichtung ist daher nicht nur eine ökologisch und ökonomisch sinnvolle Strategie, sondern auch ein Schlüssel, um dem Wohnraummangel in Deutschland nachhaltig zu begegnen. Sie bietet eine zukunftsweisende Lösung, die bestehende Flächen effizienter nutzt und gleichzeitig dazu beiträgt, lebenswerte und lebendige Stadtquartiere zu schaffen.

Die Beispiele, Zahlen und Geschichten in diesem Kapitel zeigen: **Wir haben Gestaltungsmöglichkeiten und können die WOHNWENDE ermöglichen.** Der Staat, indem er seine Einnahmen und Fördermittel überdenkt. Die Wohnungswirtschaft, indem sie auf ökonomische und zugleich ökologische Konzepte setzt. Die Gesellschaft, indem wir alle Verantwortung übernehmen und Sicherheit schaffen – zum Beispiel durch die Beteiligung an einer Baugenossenschaft. Wir als Individuen, indem wir unsere Ansprüche hinterfragen und uns von Ballast trennen. Nach dem Motto »Less is more« bezahlen wir nur, was wir auch nutzen. Damit tragen wir selbst zu mehr bezahlbarem Wohnraum bei, nutzen die vorhandenen Gestaltungsmöglichkeiten und ändern auf diesem Weg unwillkürlich unsere Haltung. Wir sind keine Opfer des Wohnungsmarktes. Wir sind Gestalterinnen und Gestalter.

KAPITEL 9

Von einsam zu gemeinsam

Wir haben in Deutschland einen Grad an persönlicher Freiheit und Selbstbestimmung erreicht, der in der Menschheitsgeschichte beispiellos ist. Menschen jedes Alters leiden jedoch zunehmend unter Vereinzelung und Isolation. Wohnen ist der Schlüssel, wenn es darum geht, aus unserer individuellen Freiheit heraus wieder mehr Gemeinschaft möglich zu machen.

Stellen Sie sich vor, die liebe Verwandtschaft kündigt sich zu Besuch an: zwölf Frauen, Männer und Kinder, die für eine Woche bei Ihnen wohnen möchten. Freuen Sie sich da wie verrückt und fangen sofort an, vorzukochen? Oder sind Sie erst einmal gelähmt vor Schreck angesichts dieses vermeintlichen Horrorszenarios? Ich gehöre zugegebenermaßen eher zur zweiten Kategorie Mensch – eine solche Ankündigung würde mich schlichtweg überfordern. Ich würde sofort ausziehen und mich ins nächste Hotel einmieten, denn so viele Menschen in meiner Wohnung wären für mich unerträglich.

Das geht Deng anders. Als ich kürzlich in einem der Hoffnungshäuser zu Besuch war, erfuhr ich, dass Deng, ein Familienvater aus dem Südsudan, einen Verwandtenbesuch mit 12 Personen erwartete. Seine fünfköpfige Familie lebt in einer kompakten Vierzimmerwohnung, die einzelnen Zimmer messen je dreizehn Quadratmeter. Zudem steht ihnen zwar die Nutzung der Gemeinschaftsflächen offen, man hatte Deng dennoch gleich gefragt, ob er und seine Familie für diese Woche einen Ausweichraum brauchen. Doch Deng wischte das Angebot mit einem Lachen vom Tisch – sie freuten sich doch schon so auf die gemeinsame Zeit und fänden das toll, auf engem Raum beisammen zu sein, viel miteinander zu reden, zu kochen, zu spielen und zu lachen.

Zwischen Individualität und Kollektiv

Auf der Rückfahrt nach Leonberg kam mir ein deutscher Bekannter in den Sinn, der als junger Familienvater lieber im Keller schläft, weil es ihn stresst, wenn sein Kind nachts ins Elternbett kommt und seinen Schlaf stört. Können Menschen unterschiedlicher ticken? Jedenfalls finde ich es immer wieder spannend, wenn solche Gegensätze aufeinanderprallen. Vielleicht kennen Sie den Spielfilm »My Big Fat Greek Wedding«. Darin verliebt sich die aus einer griechischen Einwandererfamilie stammende Toula Portokalos in Ian Miller, einen US-Amerikaner, der als Einzelkind in einer zurückhaltenden Familie aufgewachsen ist. Der Kontrast zwischen der traditionsreichen griechischen Kultur und dem eher individualistischen amerikanischen Lebensstil führt zu turbulenten Situationen und Missverständnissen. Am Ende bringt die Liebe die gegensätzlichen Familien auf einer opulenten griechischen Hochzeit zusammen. Eine Komödie, die auf humorvolle Weise zeigt, wie Liebe und Verständnis kulturelle Barrieren überwinden können.

Tatsächlich lassen sich die Kulturdimensionen einzelner Länder messen und vergleichen. Dazu dient ein von Geert Hofstede[100], einem niederländischen Sozialpsychologen und Anthropologen, entwickeltes und später erweitertes Modell. Es erlaubt spannende interkulturelle Einblicke anhand von Kulturdimensionen wie Machtdistanz (diese gibt an, inwieweit weniger mächtige Individuen eine ungleiche Verteilung von Macht akzeptieren; hohe Machtdistanz bedeutet, dass Macht sehr ungleich verteilt ist, geringe Machtdistanz entsprechend, dass Macht gleichmäßiger verteilt ist), Kollektivismus versus Individualismus, Maskulinität versus Feminität, Unsicherheitsvermeidung sowie Langzeit- versus Kurzzeitorientierung und Genuss versus Zurückhaltung. Beim Individualismus erreicht Deutschland mit rund 80 Punkten Spitzenwerte und liegt bei der Machtdistanz dagegen nur bei rund 35 Punkten. Im Gegensatz dazu ist die Gesellschaft in einem afrikanischen Land wie Südsudan viel hierarchischer (83 Punkte) und kollektivistischer (nur 18 Punkte auf der Individualismus-Skala) strukturiert. Griechenland erreicht auf dem Hofstede-Index übrigens einen Individualismuswert von 35 Punkten[101] – liegt also näher beim Südsudan als bei Deutschland. Bei den meisten Ländern steht der Schieberegler irgendwo zwischen totalem Individualismus und extremem Kollektivismus.

In Deutschland und vielen anderen westlichen Gesellschaften legen wir besonders viel Wert auf individuelle Autonomie und Privatsphäre. In kollektivistischen Kulturen dagegen wiegen gemeinschaftliche Werte und das Wohl der Gruppe oft schwerer als die Bedürfnisse Einzelner. Doch kulturelle Werte sind nur ein erklärender Faktor für die Tatsache, dass so viele Deutsche allein leben. Daneben gibt es etliche andere soziale und wirtschaftliche Faktoren, die das kollektive Zusammenleben zurückgedrängt haben. Die wirtschaftliche Unabhängigkeit zum Beispiel: Deutschland hat eine starke Wirtschaft und bietet ein hohes Maß an individueller finanzieller Freiheit.

Ein wichtiger Faktor im weltweiten Vergleich ist auch der Sozialstaat mit Kranken- und Altersvorsorge, der den Familienverband als Sicherheitsnetz ersetzt. Außerdem fördern die hohe Urbanisierungsrate und die Mobilität der Bevölkerung in Deutschland das Alleinleben. Menschen ziehen oft für Arbeit oder Studium in Städte, wo Wohnformen wie Einzelapartments gefragter sind und das Alleinleben erleichtern. Ein weiterer Faktor ist der demografische Wandel – eine alternde Bevölkerung und sinkende Geburtenraten führen zu mehr Einpersonenhaushalten, da es weniger junge Menschen gibt, die mit Eltern oder Großfamilien zusammenleben könnten. Außerdem verändern sich auch die klassischen Lebensformen. Menschen heiraten spät oder gar nicht, andere lassen sich scheiden, was ebenfalls zu einem Anstieg von Einpersonenhaushalten führt. Bei so vielen Einflussfaktoren lohnt sich ein kulturgeschichtlicher Blick zurück. Wie kam es zur totalen Individualisierung – und wie machen wir jetzt weiter?

Von der Großfamilie zum Single-Haushalt

In Kapitel 5 habe ich es schon ausführlich beschrieben: Der weitaus größte Teil der Menschheitsgeschichte ist geprägt von der schieren Notwendigkeit, in einer Gemeinschaft zu wohnen und zu wirtschaften –

anders war ein Überleben nicht möglich. Vor der Industrialisierung lebten die meisten Menschen in ländlichen Gebieten auf Bauernhöfen. Diese Höfe waren oft Familienbetriebe, in denen mehrere Generationen unter einem Dach wohnten und arbeiteten. Das Leben war stark gemeinschaftsorientiert und die Familie bildete die zentrale soziale Einheit.

Klöster waren ebenfalls wichtige Gemeinschaftsformen, in denen Mönche und Nonnen ein Leben führten, das von religiösen Praktiken und gemeinsamer Arbeit geprägt war. Klöster boten nicht nur spirituellen Rückzug, sondern auch Bildung und medizinische Versorgung für die umliegenden Gemeinden. Eine ähnliche Funktion übernahmen auch die Beginenhöfe. Das waren religiöse Laiengemeinschaften im Mittelalter, in denen Frauen in größeren Gruppen zusammenlebten und arbeiteten, ohne in ein Kloster einzutreten.

Mit der Industrialisierung zogen immer mehr Menschen in die Städte. Die traditionelle Großfamilie und gemeinschaftliche Lebensformen wurden durch die Kleinfamilie abgelöst. Wirtschaftliche und soziale Veränderungen förderten eine größere Mobilität und Unabhängigkeit der Individuen, und so lösten sich kollektive Gemeinschaften und Familienverbände auf.

Doch nicht alle folgten dem neuen Ideal. In den 1960er- und 1970er-Jahren entstanden in Deutschland zahlreiche Kommunen, in denen Menschen versuchten, alternative Lebensformen zu entwickeln. Diese Gemeinschaften basierten auf gemeinsamen Idealen wie Gleichheit, gemeinschaftlichem Eigentum und kollektiver Entscheidungsfindung. Sie waren oft eine Reaktion auf die als beengend empfundene Kleinfamilie und die kapitalistische Gesellschaft. Auch spirituelle Gemeinschaften wie Ashrams, inspiriert von indischen Traditionen, fanden Fans in Deutschland. Doch gemessen an der Gesamtbevölkerung spielte sich diese Gegenbewegung in einer kleinen Nische ab.

Social Media statt realer Netzwerke?

Der Trend zur Individualisierung scheint sich in den letzten Jahrzehnten selbst überholt zu haben. Immer mehr Menschen leben allein, traditionelle soziale Netzwerke wie Familienverbände und Vereine verlieren weiter an Gewicht. Die sogenannten Sozialen Medien können sie nicht ersetzen, als menschliche Wesen benötigen wir echte soziale Interaktionen. Auch Identifikation und Zugehörigkeitsgefühl sind Faktoren, die uns innerlichen Halt geben. In individualistischen Gesellschaften identifizieren sich Menschen oft mit verschiedenen Aspekten ihrer Persönlichkeit und Interessen. Wir sind BVB-Fans, Jazz-Liebhaberinnen, Minimalisten, Biohacker, Zero-Waste-Anhänger oder Frutarier. Solange wir damit glücklich sind, ist das in Ordnung. **Doch oftmals bleibt da eine unterschwellige Sehnsucht danach, Teil einer lokalen Gemeinschaft zu sein.**

Nach meinem zu Beginn dieses Kapitels erwähnten Besuch kam ich ins Grübeln und fragte mich nicht zum ersten Mal: Haben wir als Gesellschaft den Bogen hin zum Individualismus nicht längst überspannt? Ja, wir haben ein enormes Maß an persönlicher Freiheit erreicht. Das ist gut und ich würde diese Freiheit nicht missen wollen. Doch gleichzeitig nimmt die Vereinsamung zu.

Seit der Corona-Pandemie rückt die Einsamkeit Jüngerer immer stärker in den Blickpunkt. Eine Studie der Bertelsmann-Stiftung aus dem Jahr 2023 untermauert das Phänomen mit Zahlen. Demnach fühlte sich knapp die Hälfte der 16- bis 30-Jährigen einsam. 35 Prozent gaben an, sie seien moderat einsam, 10 Prozent bezeichneten sich sogar als stark einsam. Nach Auffassung des Bundesfamilienministeriums wirkt sich das nicht nur negativ auf die Einzelnen aus, sondern auch auf die Demokratie: »Wir wissen längst, dass Vereinsamung so schädlich ist für Betroffene wie etwa Rauchen, Fettleibigkeit oder Luftverschmutzung. [...] Wer Vertrauen in die Gesellschaft verliert, verliert auch Vertrauen in die Demokratie, politische Teilhabe nimmt ab, genauso wie die Bereitschaft, wählen zu gehen.«[102]

Gegensteuern will man mit Programmen und Orten, an denen sich Menschen zwanglos begegnen und gemeinsam eine schöne Zeit erleben können. Die Liste der Praxisbeispiele umfasst Stadtteilgärten, Abenteuerspielplätze, Gemeinschaftshäuser und organisierte Ausflüge.

»Staat und Markt sind Mutter und Vater
des modernen Individuums«

Der Historiker Yuval Noah Harari kam bereits in Kapitel 5 zu Wort mit seiner These, dass die menschliche Spezies deshalb die Welt regiert, weil sie an die Kraft identitätsstiftender Geschichten glaubt. Von Harari stammt auch das Zitat: »Staat und Markt sind Mutter und Vater des modernen Individuums.«[103] Es bringt auf den Punkt, wie Staat und Markt die traditionellen Gemeinschaftsstrukturen ersetzten und das moderne Individuum formten – das sich durch persönliche Freiheit und wirtschaftliche Unabhängigkeit auszeichnet. Demnach bietet Vater Staat Sicherheit, Bildung und soziale Dienstleistungen. Auf dieser Basis können Individuen heute unabhängig leben und sich selbst verwirklichen. Mithilfe von Gesetzen und sozialen Strukturen fördert der Staat individuelle Rechte und Freiheiten. Der Markt schafft wirtschaftliche Möglichkeiten und fördert Konsum und Wettbewerb. Individuen können durch Arbeit und Konsum ihre Identität und auch ihren sozialen Status definieren. Viele Branchen haben demnach ein großes Interesse daran, dass wir individualistisch leben – denn das steigert unseren Konsum und somit deren Profite.

Im Alltag kann sich unsere individuelle Freiheit durchaus als Last entpuppen, denn wir müssen uns um all die Dinge kümmern, die wir uns kaufen. Leiste ich mir zum Beispiel eine Villa am See, so unterstreicht das zunächst meinen Erfolg und den Grad an Selbstverwirklichung, den ich erreicht zu haben scheine. My home is my castle. Doch dieser Luxus zieht neue Verpflichtungen nach sich. Zum einen finanzielle Kosten wie hohe Hypothekenraten, Nebenkosten und Aufwand für die Instandhaltung und zum anderen mehr Arbeit für die Pflege des großen Hauses. Dazu kommt sozialer Erwartungsdruck, den erreichten Standard zu halten. Der führt dazu, dass ich im Hamsterrad auf Höchstgeschwindigkeit rotiere. Spätestens wenn meine Frau entnervt die Scheidung einreicht und ich mit psychosomatischen Beschwerden auf der Coach einer Psychiaterin lande, wird klar: Es muss auch anders gehen.

Freiheit ist großartig. Doch offensichtlich macht Freiheit in Form eines exzessiven Individualismus nicht nur glücklich. Wir bekommen zwar schon von Kindesbeinen an beigebracht, dass Konsum und Besitz Zeichen für ein gelungenes Leben sind, wollen deshalb ständig alles, leiden sogar unter der Qual der Wahl, können uns nicht entscheiden – und bekommen doch oft nicht das, was wir eigentlich brauchen.

Dating-Apps vereinfachen scheinbar die Partnersuche, doch viele Menschen sind es leid, sich immer wieder zu Dates mit Unbekannten zu verabreden. Natürlich kann man sich heute einen virtuellen Partner nach Wunsch erschaffen, oder sich stundenlang mit einer KI unterhalten, aber mit ihnen auf dem Sofa zu kuscheln, wird schwierig. Nicht nur in der Partnerschaft, auch in der Wohnwelt ist die individuelle Freiheit heute riesig. So kann ich eine Wohnung mieten, ohne mit den Menschen in der Nachbarschaft im Geringsten zu interagieren. Solange ich die Miete pünktlich überweise, ist alles in Ordnung. Wohnen, Leben und selbst Arbeiten funktioniert für viele Menschen bereits losgelöst von Sozialkontakten. Dieser Grad an individueller Freiheit tut vielen gut – wird aber auch für immer mehr Menschen schwierig.

Denn soziale Kontakte sind wichtig für die menschliche Gesundheit. Meta- und Langzeitstudien[104], die teilweise seit mehr als 80 Jahren laufen, haben nachgewiesen: **Soziale Faktoren haben die größte Bedeutung für Gesundheit und ein langes Leben.** Dazu gehören das Eingebundensein in eine Gemeinschaft sowie enge, stabile und unterstützende Beziehungen. Auch der Blick Richtung Glücksforschung zeigt: Gemeinschaft und soziale Bindungen leisten einen wesentlichen Beitrag zum Wohlbefinden und zur psychischen Gesundheit.

Auf der Suche nach neuen Formen des Zusammenlebens

Mehr und mehr Menschen sind auf der Suche nach neuen Formen der Vergesellschaftung. Sie wünschen sich soziale Verbindungen und Gemeinschaft, auch wenn sich die traditionellen Formen des Zusammenlebens und der sozialen Interaktion verändert haben. Neue Wohn-

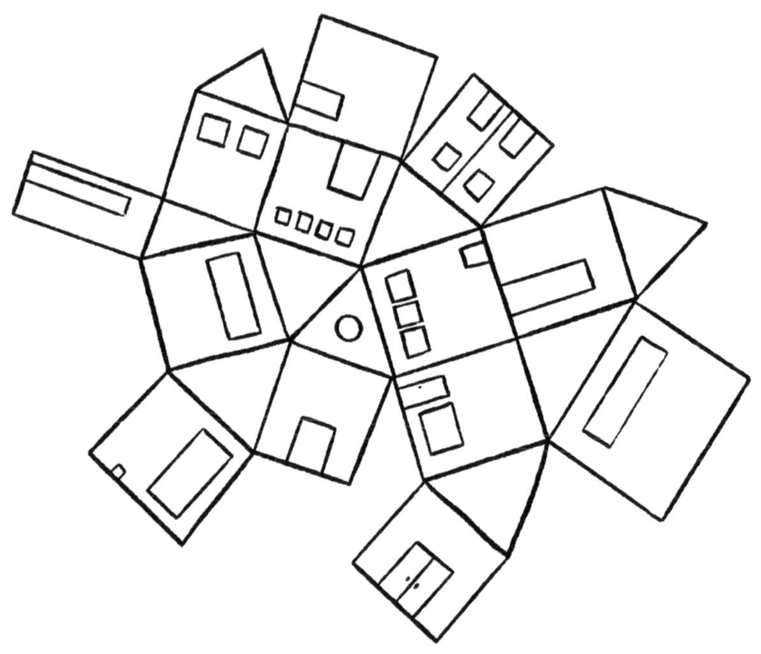

formen und gemeinschaftliche Wohnprojekte haben sich entwickelt, in denen mehrere Haushalte bestimmte Einrichtungen und Ressourcen teilen. Dazu zählen auch Mehrgenerationenhäuser, in denen junge und ältere Menschen voneinander lernen und sich unterstützen.

Auch in den Lebensbereichen von Arbeit und Freizeit gibt es viele neue Formen der Vergesellschaftung. Ich denke da an Co-Working-Spaces, die Freiberuflerinnen, Start-ups und kleinen Unternehmen die Möglichkeit geben, in einer gemeinsamen Umgebung zu arbeiten. Daneben gibt es zahllose virtuelle Gemeinschaften, Gaming-Communities und Online-Foren, in denen sich Menschen mit gemeinsamen Interessen, Hobbys oder beruflichen Zielen vernetzen. In der Stadt und auf dem Land gedeihen Gemeinschaftsgärten oder Projekte für solidarische Landwirtschaft, wie es auch ein Freund von mir ins Leben gerufen hat.

Die Sharing Economy fußt auf der Idee, Güter wie Wohnraum oder Transportmittel zu teilen. Bekannte Plattformen dafür sind Couchsurfing, WG-Gesucht oder Carsharing-Dienste. Daneben existieren Crowdfunding-Plattformen zur Finanzierung von Projekten. All diese Beispiele weisen Parallelen auf, die über den individuellen Konsumismus hinausgehen. In erster Linie fördern sie menschliche Gemeinschaft sowie Beziehungen. Mehrheitlich tragen sie außerdem dazu bei, Ressourcen zu sparen. Wenn wir Dinge und Raum teilen, brauchen wir uns nicht mehr selbst um alles zu kümmern und nicht mehr alles zu kaufen. Dadurch entstehen neue Freiräume im Innen und Außen. Mit der Innenseite meine ich psychologische und soziologische Faktoren, darunter Freiräume für Gemeinschaft, Sinn und Zeit. Auf der Außenseite sehe ich ökologische und ökonomische Faktoren, wie Ressourcenschutz und Einsparmöglichkeiten.

Angesichts der Fülle an neuen Formen der Vergesellschaftung in fast allen Lebensbereichen überrascht es doch ein wenig, dass sie in unserem Wohnalltag noch ein Nischendasein fristen. Für viele Menschen ist es nach wie vor undenkbar, ihr Wohnumfeld dauerhaft mit anderen zu teilen. Wieso zieht es so viele Deutsche im Urlaub auf den Campingplatz, wenn sie es im Alltag für undenkbar erachten, enger mit anderen Menschen zusammenzuleben? Dabei gibt es zwischen Parkbank und Penthouse, zwischen Wohnungsnot und Vereinsamung, zwischen Klimaschutz und Flächenversiegelung längst gemeinschaftliche Wohnformen, die Auswege aufzeigen aus dem Cocktail an Krisen, der unsere Gesellschaft lähmt.

Wohngemeinschaften für Junge und Alte

Die Wohngemeinschaft, kurz WG, ist mit Sicherheit die bekannteste gemeinschaftliche Wohnform. Mehrere Personen teilen sich eine Wohnung oder ein Haus, wobei jede ein eigenes Zimmer hat und Räume wie Küche und Bad gemeinschaftlich genutzt werden. Beliebt ist die WG vor allem bei jungen Menschen, die studieren oder gerade in den Beruf einsteigen. Das gilt verstärkt in Ballungsräumen und Universitätsstädten. Ein WG-Zimmer lässt sich kurzfristig mieten, es ist günstiger als eine eigene Wohnung und hat den Nebeneffekt, dass man gerade als Neuankömmling in einer Stadt auf Anhieb soziale Kontakte innerhalb der Wohnung knüpfen kann.

Doch WGs sind nicht nur für Studierende attraktiv. Auch Menschen mit körperlichen oder geistigen Einschränkungen leben häufig in Wohngemeinschaften. Daneben gibt es Pflegewohngemeinschaften als Alternative zum Heim. Wohngemeinschaften mit pflegerischem oder erzieherischem Ansatz haben in der Regel einen öffentlichen oder privaten Träger.

In Leonberg und Leipzig kann eine Wohngemeinschaft sogar der Plan B zu einem Gefängnisaufenthalt sein. Das ist keine Utopie, sondern ein Konzept für Jugendstrafvollzug in freier Form, das seit mehr als 20 Jahren erfolgreich läuft.

Tobias Merckle, der als Stifter auch hinter den Hoffnungshäusern steckt, hat den Trägerverein Seehaus 2001 gegründet und mit ihm die familienähnlichen Einrichtungen für jugendliche Straftäter ins Leben gerufen. In einer Seehaus WG leben bis zu sieben Jugendliche zwischen 14 und 23 Jahren gemeinsam mit ihren Hauseltern und deren Kindern. Viele von ihnen erleben in dieser Wohngemeinschaft zum ersten Mal ein echtes Familienleben mit Liebe und Geborgenheit.

Doch das Seehaus ist viel mehr als eine WG – die Jugendlichen erwartet ein durchstrukturierter Arbeitsalltag. Der Tag beginnt um 5.45 Uhr mit Frühsport, es folgen Schule, Arbeit, Berufsvorbereitung, Hausputz und gemeinnützige Aufgaben sowie soziales Training und die Vermittlung von Werten. Die Jugendlichen sollen lernen, Verantwortung zu übernehmen und alle Voraussetzungen lernen, um später verantwortungsvoll im Einklang mit den Gesetzen und integriert in der Gesellschaft zu leben.

So durchgetaktet geht es in herkömmlichen WGs nicht zu, doch feste Regeln braucht das Zusammenleben in jedem Fall. Denn wenn immer derselbe den Dreck der anderen wegputzen muss, kann eine Wohngemeinschaft nicht funktionieren. Deshalb ist eine klare Aufgabenteilung notwendig. Was es auch braucht, sind Absprachen für Nähe und Distanz. Ist die Zimmertür nur angelehnt, kann ich anklopfen und in Kontakt treten. Ist sie geschlossen, will jemand nicht gestört werden. Das gilt auch in den gemeinschaftlich genutzten Räumen. Sitzt die WG-Mitbewohnerin mit Kopfhörern auf dem Wohnzimmersofa und starrt aufs Handy, will sie höchstwahrscheinlich gerade nicht über ihren Tag reden. Mit gutem Willen, etwas Geduld und Kompromissbereitschaft kann das Zusammenleben in einer Wohngemeinschaft bereichernd sein. So sehr, dass man womöglich gar nicht mehr ausziehen möchte.

Henning Scherf war um die 50, als er gemeinsam mit seiner Frau und drei befreundeten Paaren beschloss, eine WG zu gründen. Das ist inzwischen rund 35 Jahre her. Der ehemalige Bremer Bürgermeister, Jahrgang 1938, und seine Clique sind bis heute froh über ihre Entscheidung[105], in einer Wohngemeinschaft zusammen alt zu werden.

Nach langem Suchen fanden sie ein Haus in der Bahnhofsgegend, auch in Bremen nicht die einfachste Nachbarschaft. Sie kauften die abbruchreife Stadtvilla[106] und bauten sie altersgerecht um, samt Aufzugsschacht. Scherf schwebte eine riesige WG mit Gemeinschaftsküche vor, doch einer der Mitbewohner befand sich dafür als zu chaotisch. So bekamen die Parteien eigene Wohnungen. Geteilt werden Garten, Gästezimmer, Wein- und Fahrradkeller, Waschküche, zwei Autos und eine Putzkraft. Samstags treffen sie sich zum gemeinsamen Frühstück, reihum in einer anderen Wohnung.

Die langjährige WG-Gemeinschaft übernimmt darüber hinaus Verantwortung füreinander. Als eine der Bewohnerinnen an Krebs erkrankte, begleitete die Gemeinschaft sie bis zum Schluss. Neben den übrig gebliebenen WG-Gründerinnen und Gründern wohnen inzwischen auch junge Menschen im Haus. Nicht nur untereinander, sondern auch mit der erweiterten Nachbarschaft gibt es engen Kontakt. **Für mich ist diese Alters-WG in Bremen ein wunderbarer Gegenentwurf zur Entmündigung und Vereinsamung vieler alter Menschen.**

Andererseits verstehe ich, dass manche Menschen die Vorstellung vom Leben in einer Wohngemeinschaft als beengend empfinden. Deshalb stellen wir den Betrachtungswinkel weiter und schauen uns an, was sich zwischen WG und klassischer Hausgemeinschaft noch an Möglichkeiten des gemeinschaftlichen Wohnens bietet.

Gemeinschaftliches Wohnen im Cluster

Cluster-Wohnungen sind eine noch neuartige Wohnform. In Deutschland, Österreich und der Schweiz laufen erste Cluster-Bauprojekte seit 2010. Ihre Zahl steigt stetig, denn das Konzept stößt auf großes Interesse. Das Besondere daran ist seine bauliche und soziale Anpassungsfähigkeit, aufgrund derer es als Weg für eine resiliente, zukunftsfähige Stadtentwicklung gilt. Eine Cluster-Wohnung besteht aus mehreren kleinen Wohneinheiten, die durch Gemeinschaftsflächen miteinander verbunden sind. Jede Einheit hat in der Regel ein eigenes Badezimmer und manchmal eine kleine Küche. Die gemeinsam genutzten Bereiche umfassen je nach Objekt eine große Küche, ein oder mehrere Wohnzimmer und andere Räume, zum Beispiel eine Sauna. Im Unterschied zu einer Wohngemeinschaft kombiniert die Cluster-Wohnung private und gemeinschaftliche Wohnbereiche also in größerem Umfang. Dafür entfallen die Verkehrsflächen wie Flure und Eingangsbereiche innerhalb einer Wohnung. Denn Cluster-Wohnungen sind so geschnitten, dass sie den vorhandenen Raum bestmöglich nutzen und mehr Gemeinschafts- und Begegnungsfläche schaffen.

Der Begriff »Cluster«[107] kommt aus dem Englischen und lässt sich mit »Ballung«, »Bündel« oder »Gruppe« übersetzen. In verschiedenen Kontexten bezeichnet er den Austausch, das Netzwerk und die Zusammenarbeit zwischen Beteiligten. Eine Cluster-Wohnung als ein Bündel mehrerer Wohneinheiten mit verbindenden Gemeinschaftsflächen steht demnach für das Wohnen in einer sich unterstützenden Gemeinschaft. Das ist unkonventionell und eröffnet Spielräume für solidarische und gemeinschaftliche Wohnkonzepte sowie für das Zusammenleben in verschiedenen Altersgruppen und Lebenslagen.

Mit Blick auf Klimawandel, Wohnungsnot und Vereinsamung weisen gemeinschaftliche Wohnformen wie die Cluster-Wohnungen drei handfeste Vorteile auf: Erstens helfen sie durch das gemeinsame Nutzen von Räumen und Ressourcen, den Flächenverbrauch und die Wohnkosten deutlich zu senken. Zweitens tragen sie zur nachhaltigen Stadtentwicklung bei, indem sie Wohnraum effizienter nutzen und

Gemeinschaften stärken. Drittens fördern sie Austausch und Gemeinschaft oder soziale Inklusion. Sie eignen sich für verschiedene Lebensmodelle, von Familien über Berufspendler hin zu Menschen mit Betreuungsbedarf. Besonders interessant sind sie für Menschen, die jenseits der Kernfamilie selbstbestimmt und doch innerhalb einer Gemeinschaft leben wollen. Für den Alltag bedeutet das einen Mix aus Autonomie und Miteinander, man hilft sich und übernimmt Aufgaben für die Gemeinschaft, hat jedoch gleichzeitig einen privaten Rückzugsort. Darüber hinaus kann Cluster-Wohnen auch eine Option auf Zeit sein, zum Beispiel für Berufspendler oder Menschen, die aus beruflichen Gründen nur für kurze Zeit in einer Stadt leben und dort Anschluss finden möchten.

Was die Organisation und die praktische Umsetzung von Cluster-Wohnungen angeht, haben sich verschiedene Formen herauskristallisiert. Das gilt auch für die Frage: Wem gehört die Wohnung? Eigentum zu bilden, genießt in unserer Gesellschaft schließlich einen hohen Stellenwert. Generell können Cluster-Wohnungen in verschiedenen Eigentumsmodellen realisiert werden, darunter Mietmodelle, Genossenschaften und Eigentumsgemeinschaften. Wie üblich bringt jede Variante Vor- und Nachteile bezüglich Verwaltung, Kosten und Gemeinschaftsgefühl mit sich. Darauf im Einzelnen einzugehen, würde allerdings den Rahmen dieses Buches sprengen. Wer mehr wissen möchte, findet im Internet eine Vielzahl an Informationen dazu.

Cluster-Wohnen: Individualität und Gemeinschaft zugleich

Blick über das Wasser, gemeinschaftlich genutzte Terrassen und Gästewohnungen, viel Platz für Sport, Musik und Begegnungen – das muss kein Traum bleiben: Am Ufer der Spree errichtete die Bau- und Wohngenossenschaft Spreefeld Berlin eG ein Ensemble aus drei Gebäuden. Das 2014 fertiggestellte Pionierprojekt vereint neue Wohnformen mit gemeinsam genutzten Räumen und Büroflächen. In den 64 Wohneinheiten leben jeweils zwischen 4 und 22 Personen. Insgesamt entstand eine gemischte und lebendige Nachbarschaft mit rund 150 Menschen. Teil des Wohnkomplexes sind zwei große Clusterwohnungen mit Flächen von 907 und 600 Quadratmetern. Die späteren Bewohnerinnen und Bewohner wurden bereits in die Planung der Flächen einbezogen, mit dem Ziel, nicht nur das genossenschaftliche bezahlbare Wohnen zu fördern, sondern auch die Idee der Gemeinschaft. Es gibt sogenannte Optionsräume, darunter Dachterrassen, Freiräume, Werkstätten, Musik- und Sporträume wie auch Gästewohnungen. Die Bewohnenden organisieren ihren Alltag gemeinschaftlich, dazu gehört auch das Gestalten und Nutzen dieser Räume. Die sogenannte »Spree-WG« in Haus 1 ist mit 22 Personen die größere der beiden Cluster-Wohnungen. Sie erstreckt sich als Maisonette-Wohnung über zwei Etagen. Unten findet sich eine Gemeinschaftsküche, oben ein Wohnzimmer, an das ein großes Bad mit Ausblick auf die Spree angrenzt. Auf beiden Etagen gibt es große, gemeinsam genutzte Balkone. Die privaten Wohneinheiten umfassen ein bis drei Zimmer, alle besitzen eine private Küche, einige auch ein eigenes Bad. Die zweite Cluster-Wohnung ist mit rund 600 Quadratmetern Fläche kleiner, dort verfügt jede private Einheit über ein eigenes Bad.

Wohnfläche mit anderen zu teilen – können Sie sich das vorstellen? Für viele Menschen ist dies ein abstraktes Konzept. Dabei ist die Hürde gar nicht so groß, denn die Ausprägungen zwischen Nähe und Distanz lassen sich individuell bestimmen.

Ich wohne selbst in einem Mehrfamilienhaus mit drei Parteien und auch wenn wir als Hausgemeinschaft nicht regelmäßig Zeit miteinander verbringen, so sind wir doch füreinander da, wenn es darauf ankommt. Als die Nachbarin krank war, kauften meine Frau und ich zum Beispiel für sie ein. Unser Nachbar gießt unsere Blumen, wenn wir im Urlaub sind, und der Gemeinschaftsgarten wäre verwildert, wenn wir nicht einen leidenschaftlichen Hobbygärtner im Haus hätten. Im Sommer wird regelmäßig gemeinsam gegrillt. Ähnliche informelle Formen der gelebten Nachbarschaft sind durchaus verbreitet.

Im Unterschied dazu sind gemeinschaftliche Wohnformen von vorneherein auf Gemeinschaft und Gemeinwohl angelegt. Der beste Weg, sie als Option in den Köpfen zu verankern, ist: davon zu erzählen. **Denn in einer Gesellschaft, in der Individualität eine so hohe Bedeutung und lange Tradition hat wie in der unseren, müssen sich gemeinschaftliche Wohnprojekte wie Cluster erst ihren Platz erobern.**

Erfreulicherweise gilt dabei das Motto »Wer wagt, gewinnt«: Forschungsergebnisse des Bundesinstituts für Bau-, Stadt- und Raumforschung zeigen, dass alle untersuchten Cluster-Wohnungen vollständig vermietet sind und sich die neue Form des Zusammenlebens anscheinend gut bewährt. Die Zufriedenheit unter der Bewohnerschaft ist hoch, was sich auch in einer eher geringen Fluktuation widerspiegelt.

In der Tiergartenstraße in Oranienburg nördlich von Berlin findet sich ein weiteres, allerdings eher ungewöhnliches Beispiel für das Cluster-Wohnen. Während diese Wohnform in der Regel mehrheitlich im

Neubau entsteht, hat die Freiraumkooperative eG für das Projekt Annagarten einen Bestandsbau umgenutzt. Dafür wurde ein 1902 errichtetes, denkmalgeschütztes Landhaus saniert. Ziel der Genossenschaft war es, bezahlbaren Wohnraum für bis zu 40 Menschen zu schaffen – für Ältere, Alleinerziehende, junge Familien und Haushalte mit geringem Einkommen. Ein Mehrgenerationenhaus also. Hier sollte auch Raum für soziale, kreative, ökologische und politische Arbeit und Gastfreundschaft sein. Der villenartige Altbau bietet mit seinen mehr als drei Meter hohen Decken viel Wohnqualität. Die Hausgemeinschaft erstreckt sich über alle drei Etagen, darauf finden sich acht Wohnungen mit Flächen zwischen 50 und 280 Quadratmetern.

Neben den eigentlichen Wohnflächen sind Bereiche für Co-Working, Seminare und Kindertagespflege vorgesehen. Zwei der Wohnungen sind nach dem Clusterprinzip angelegt. Eine davon liegt im Hochparterre. Sie umfasst 270 Quadratmeter und Privaträume, die teilweise mit eigenen Bädern ausgestattet sind. Zudem gibt es ein Gemeinschaftsbad und eine große Küche. Die zweite Cluster-Wohnung im neu ausgebauten Dachgeschoss bietet Platz für zwei Familien, sie hat eine große Küche und mehrere Bäder.

»Wir wissen nicht, was die Zukunft bringt. Wir verstehen uns natürlich als eine Hausgemeinschaft mit gegenseitigen Nutzungsrechten für die Wohnküchen [...], aber falls irgendwann die Gemeinschaft scheitern würde, wäre das immer noch ein Mietwohnhaus mit acht Wohnungen und 13 Bädern [...]«, sagt Andreas Bräuer, Ingenieur, Bewohner und Mitgründer der Freiraumkooperative eG in Oranienburg zur Zukunftsfähigkeit des Projekts. **Das Projekt Annagarten zeigt, wie sich vorhandene Häuser im Sinne eines ressourcenschonenderen, gemeinschaftlichen Wohnens umnutzen lassen.**

Ausgehend vom Status quo »My home is my castle« ist es für viele von uns undenkbar, Räume wie Wohnzimmer, Küche und Bad mit anderen Familien oder Einzelpersonen zu teilen. Dennoch wünscht sich ein wachsender Anteil von Menschen wieder mehr Gemeinschaft und möchte Teil einer lebendigen Nachbarschaft sein. Dem trägt der Campus-Gedanke Rechnung. Wie Wohngemeinschaften und Cluster-

Wohnungen fördert das Wohnen auf einem Campus (also in mehreren Gebäuden, die gemeinsam ein Ensemble bilden) das Zusammenleben und die Interaktion mithilfe gemeinschaftlich genutzter Flächen. Innerhalb eines Campus sind unterschiedliche Formen des Zusammenlebens möglich.

In Wohnheimen oder Geflüchteten-WGs werden Gemeinschaftsräume wie Küche und Bad in der Regel genauso geteilt wie in einer privat organisierten Wohngemeinschaft. Zudem kann es auf dem Campus Cluster-Wohnungen geben und Wohnungen im klassischen Sinn für Familien, Paare oder Singles, die sich darüber hinaus Wohnflächen mit der Gemeinschaft teilen. In jedem Fall werden die Gebäude – wie auf einem Campus – so angeordnet, dass Begegnungsflächen entstehen.

Wie sieht ein Zukunftshaus aus?

Erinnern Sie sich noch an die Dunbar-Zahl aus dem zweiten Kapitel, »Visionen von gestern«? Laut dem britischen Psychologen und Anthropologen Robin Dunbar beträgt die ideale Größe einer funktionierenden Dorfgemeinschaft 150 Personen. Denn bis zu 150 soziale Beziehungen zu pflegen, fällt uns Menschen leicht. Daher symbolisiert die Zahl die ideale Größe einer Gemeinschaft, sei es in einem Dorf, in einem Campus oder Quartier. Eines der Wohnkonzepte, das den Campus-Gedanken großschreibt, ist das »Zukunftshaus«, ein Entwurf für gesellschaftlich relevante Häuser, in denen bezahlbares, gemeinschaftliches und wertiges Wohnen gedeihen kann.

Natürlich weiß niemand genau, wie wir in 100 Jahren wohnen werden. **Aber wir können heute schon an der Welt von morgen bauen, indem wir mehr gemeinschaftlichen, bezahlbaren, naturverträglichen und ästhetischen Wohnraum schaffen.**

Bei dem Konzept »Zukunftshaus« handelt es sich weder um eine Utopie im Wolkenkuckucksheim noch um ein experimentelles Bauprojekt im fernen Dubai oder New York. Die ersten Zukunftshäuser stehen bereits im bodenständigen Schwabenland, genauer gesagt in Mühlacker, einer Stadt mit rund 25 000 Menschen im Nordwesten Baden-Württembergs. Zwei Häuser in klassischer Holzbauweise mit insgesamt 20 Wohneinheiten wurden dort im Sommer 2023 fertiggestellt. 80 Prozent der Wohneinheiten bestehen aus gefördertem, 20 Prozent aus frei finanziertem Wohnraum. Eine Wohnung wird als Gemeinschaftsraum etabliert, der allen Bewohnenden bei Bedarf zur Verfügung steht – sei es als Ort der Zusammenkunft, als Raum für ein privates Familienfest oder als Unterbringungsmöglichkeit für Gäste. Ein weiterer Zukunftshaus-Campus in Neckarsulm wurde Anfang 2025 bezogen.

In den Zukunftshäusern finden Menschen zusammen, die sich für gelebte Nachbarschaft und gemeinschaftliches Engagement an ihrem Wohnort begeistern. Im Kontext des bezahlbaren Wohnraums erschaffen sie durch ihr Engagement und eine konzeptionelle Standortbegleitung lebenswerten Wohnraum für alle Interessierten – unabhängig von Faktoren wie Einkommen, Nationalität oder Haushaltsgröße. Das Modell beruht auf einer partnerschaftlichen Zusammenarbeit von Investoren, kommunalen Akteuren, einer externen Immobilienverwaltung und dem Gemeinschaftsmanagement. Ziel ist eine aktive und gelingende Gemeinschaft, die sich selbst organisiert. Eine professionelle Begleitung und ehrenamtlich engagierte Mieterinnen und Mieter vor Ort ermöglichen dies. In kooperativer Zusammenarbeit mit kommunalen Trägern entsteht ein nach innen und außen sichtbar integriertes Wohnquartier im Stadtbild. Elementar dafür ist ein heterogener Mix an Bewohnerinnen und Bewohnern, der einer Ghettoisierung vorbeugt und ein gelingendes Zusammenleben fördert.

Campus mit Strahlkraft

Wie beim Film gibt es auch beim Wohnraum nicht DAS Drehbuch. Dennoch gibt es bei integrativen und sozialen Wohnkonzepten bereits sehr gute Erfahrungen.

In unterschiedlichen Ausprägungen und an verschiedenen Standorten bewährt sich die Idee von gemeinschaftlichen, ökologischen, bezahlbaren und schönen Wohnquartieren. Das hat Strahlkraft über die neu geschaffenen Wohnviertel hinaus.

In der Stadt Calw im Schwarzwald wurde 2021 ein Campus mit bezahlbarem und sozialem Wohnraum geschaffen. Er besteht aus vier Häusern mit insgesamt 32 Wohnungen. Die Gebäude sind so angeordnet, dass sich die Menschen wie selbstverständlich begegnen – im Hof, auf dem Spielplatz oder beim Plausch von Balkon zu Balkon. An diesem Ort leben Menschen, die aus unterschiedlichen Gründen Unterstützung brauchen zusammen mit Menschen, die mitten im Leben stehen. Gemeinsam bilden sie eine aktive Hausgemeinschaft aus Familien, Paaren und Alleinstehenden.

Darunter ist auch Sonja. Die alleinerziehende Mutter von drei Kindern sah sich nach der Trennung von ihrem Partner ohne Wohnung und damit ohne Perspektive. Auf der Straße leben? Unvorstellbar! Das Schlimmste daran war die Aussicht, dauerhaft von ihren Kindern getrennt zu sein. Tatsächlich schien die Inobhutnahme der Kinder durch das Jugendamt zunächst der einzige Ausweg. Um das zu verhindern, setzte Sonja alles in Bewegung und fand kurzfristig Unterschlupf auf einem Campingplatz. Doch ohne Heizung und ohne Privatsphäre war Campen keine tragfähige Lösung für die vierköpfige Familie. Freunde erzählten Sonja von dem Projekt für bezahlbares Wohnen. Sie kam auf uns zu und konnte schon bald mit ihren Kindern eine der Wohnungen beziehen. »Hier haben wir ein sicheres Zuhause und sind angekommen. Für mich nach dieser schlimmen Zeit alles andere als selbstverständlich«, sagt sie rückblickend. Die eigene Wohnung und das Andocken an die Gemeinschaft haben ihr Leben und das ihrer Kinder drastisch verändert – zum Guten.

Die Geschichte von Sonja treibt mir immer wieder Tränen in die Augen. Es berührt mich, wie Bauen das Leben von Menschen verändern kann. Dass es nicht egal ist, wie viel Wohnraum wir haben oder nicht haben. Dass Wohnungsnot Menschen belastet. Dass Lebensräume Entfaltung ermöglichen. Dass sich ein Campus wie in Calw auf ein ganzes Neubaugebiet auswirken kann, in dem sich Kinder und Erwachsene aus verschiedenen gesellschaftlichen Milieus begegnen, miteinander spielen und Zeit teilen. Hier wächst echtes Verständnis und soziales Miteinander, hier wird die Zukunft geprägt. Das ist eine gesellschaftsrelevante WOHNWENDE.

Raum für Gemeinschaft

Zehn Kinder sitzen um einen großen Tisch und malen. Stifte liegen kreuz und quer, auf dem Papier entstehen Zeichnungen davon, wie sie sich ein Leben in Gemeinschaft vorstellen. Ramon hat sie auf die Idee gebracht. Seither sind die Kinder ganz vertieft in ihre Malarbeit. Sonjas Sohn entwirft ein Haus mit einem zentralen Wohnzimmer, darin ein ausgedehntes Sofa. Er selbst sitzt davor mit Freunden auf dem Fußboden und spielt Lego. Sein Traum von Gemeinschaft scheint sehr nah an seiner neuen Realität.

Draußen regnet es und ein kalter Wind weht. Der sonst so belebte Innenhof auf dem »Dorfplatz« zwischen den Häusern ist an diesem Nachmittag verwaist, die Kinder beschäftigen sich lieber im Gemeinschaftsraum, trinken warmen Kakao und lassen ihrer Kreativität freien Lauf.

»Die Kinder sitzen hier nicht so oft allein am Handy«, erzählt Ramon. Er und seine Frau Marianne leben selbst auf dem Campus am Standort Calw. Mit ihren vier Kindern zogen sie aus Nordhessen dafür Richtung Süden. Von befreundeten Familien, die im klassischen Eigenheim leben, kennt Ramon große Familienplaner: »Da muss man immer vorher anrufen und fragen, wann ein Kind zum Spielen oder zum Übernachten kommen darf, und die Eltern fungieren als Taxi.« Auf dem Campus sind die Wege kürzer und der Kommunikationsaufwand gering. 30 Kinder leben in den vier großen Häusern, in der Mitte ist der sogenannte Dorfplatz und ein Kinderspielplatz.

Nicht nur der zentrale Gemeinschaftsraum schafft bewusst Räume der Begegnung. Die ganze Anlage ist darauf ausgerichtet. Das Prinzip von Geben und Nehmen funktioniert praktisch und unmittelbar. Wem es schlecht geht, der muss nicht zur Apotheke, denn da sind genug

Nachbarn, die das gerne erledigen. Sie kaufen bei Bedarf auch füreinander ein, haben ein Auge auf die Kinder oder wechseln einfach ein nettes Wort zwischen Tür und Angel. **Jeder Mensch hier ist sowohl ein Individuum als auch Teil von etwas Größerem.** Wer seine Ruhe will, findet sie in den eigenen vier Wänden. Wer Lust auf Nähe und Gemeinschaft hat, braucht nur die Tür aufzumachen oder auf den Balkon zu treten.

Der beste Weg aus der Einsamkeit

Allein im Penthouse oder mit der Großfamilie in einer kleinen Stadtwohnung: Die Spanne an Wohnformen ist riesig. Was uns guttut, hängt vor allem von unserer Persönlichkeit ab, von der kulturellen Prägung und den Lebensumständen. Sicher ist aber: **Wir dürfen unsere Lebensumstände hinterfragen.** Reflektiert können wir uns aufmachen in die Welt der Möglichkeiten. Es gibt so viele individuelle Abstufungen eines Lebens in Gemeinschaft, die wir wählen oder erschaffen können.

Für die eine ist eine Wohngemeinschaft mit Freundinnen genau richtig, für den anderen eine Cluster-Wohnung und für die dritte eine eigene Wohnung mit Anschluss an eine Gemeinschaft. Wieder andere möchten nicht aus ihrem Einfamilienhaus ausziehen, doch womöglich laden sie noch jemanden ein, mit einzuziehen – die Enkelin, eine Pflegekraft oder einen geflüchteten Menschen. Es ist mir ein Anliegen, den Blick und das Denken zu öffnen. Viele fürchten den Verlust von Freiheiten, dabei kann gemeinschaftliches Wohnen ein großer Gewinn sein. Für den Klimaschutz, für bezahlbaren Wohnraum und vor allem für uns Menschen. Denn es ist der beste Weg aus der Einsamkeit.

KAPITEL 10

Traumhaus am See?

Was verbirgt sich hinter klassischen Wohnträumen wie der Villa mit Seegrundstück, dem Penthouse oder der urigen Berghütte? Was macht Wohnglück überhaupt aus und wie lässt es sich mit den Anforderungen unserer Zeit vereinbaren?

Vor mir liegt ein weißes Blatt Papier. In meiner Hand halte ich einen Stift und frage mich: Wie sieht mein Traumhaus aus? Ich beginne zu skizzieren: ein Haus an einem See, mit Blick auf schneebedeckte Berge. Ich bin dort glücklich, fühle mich frei und genieße das Leben. An warmen Tagen spiegeln sich die Gipfel im Wasser und der See lädt mich zum Baden ein. Anschließend lege ich mich auf dem Bootssteg zum Trocknen in die Sonne. An Regentagen sitze in meiner Bibliothek im gemütlichen Ohrensessel– ein ganzer Raum nur für mich und meine Bücher. Dort kann ich lesen, nachdenken und die Ruhe genießen. In meinem Traumhaus bilden Küche und Esszimmer zusammen einen offenen, einladenden Raum. Ich male mir aus, wie abends Freunde zu Besuch kommen, wir gemeinsam kochen und durch die Panoramafenster auf den See und die Berge schauen. Wir lachen zusammen, erzählen Geschichten und trinken eine Flasche guten Wein. Das Schlafzimmer ist so ausgerichtet, dass ich beim Einschlafen noch einen letzten Blick auf die Berge werfe und sie morgens schon beim Aufwachen auf mich warten.

Wie sieht Ihr Traum vom Wohnen aus?

Zu Beginn dieses Buches haben wir uns auf eine Reise zu einem Zuhause für uns alle gemacht. Auf der Suche nach Wegen zu einem Wohnen ohne Not führte diese Reise bereits über sehr unterschiedliche Stationen. Von den Ursachen der Wohnungsnot und ihren drohenden Folgen nahm ich Sie mit in die Vergangenheit zu den Visionen von gestern. Über den Kontrast zwischen Parkbank und Penthouse ging es weiter zum guten Leben für alte und neue Mitmenschen. Im Mittelpunkt stand die Frage, wie sich der Planet schützen lässt und das Wohnen bezahlbar und gleichzeitig ästhetisch und sozial gestaltet werden kann. Nicht zuletzt haben wir alternative Formen des Zusammenlebens erkundet.

Nun ist es Zeit, zu träumen. »We are such stuff as dreams are made on« (»Wir sind aus dem Stoff, aus dem die Träume sind«), lautet ein Zitat von Shakespeare[108] – ein sehr schöner Satz mit hohem Wahrheitsgehalt. Träume machen uns aus, sie motivieren uns und spornen uns an. Der Vorstellung davon, wie wir wohnen wollen, sitzt tief in uns. Das »Traumhaus« oder die »Traumwohnung« zeigen uns tief verwurzelte Sehnsüchte und Ideale. Es verrät etwas über uns und unsere Vorstellungen von Erfolg, Status und Lebensqualität.

Jetzt lade ich Sie zu einem kleinen Gedankenspiel ein.

Wie sieht Ihr Wohntraum aus?

In welcher Umgebung befindet er sich?

Wie sind die Räume gestaltet? Minimalistisch oder opulent?

Wohin blicken Sie, wenn Sie aus dem Fenster schauen?

Und was haben Sie gesehen? Träumten Sie vom Einfamilienhaus mit Garten, wo ihre Kinder genug Platz zum Spielen haben, oder von der Eigentumswohnung mit Balkon und hohen Decken? Oder haben Sie so wie ich an ein Haus an einem See oder am Meer gedacht?

In Studien und Alltagsgesprächen stellt sich immer wieder heraus, dass das Einfamilienhaus nach wie vor ein großer Traum für viele Menschen hierzulande ist. Gefragt ist aber auch die Eigentumswohnung, am liebsten als Penthouse in der Stadt. Und obwohl die Mehrzahl der Menschen in Städten daheim ist, träumen viele davon, in einem Chalet in den Bergen oder direkt am Wasser zu leben, mit viel Raum um sich herum und einer schönen Aussicht.

Ein Wohntraum neueren Datums ist das Tiny House – ein minimalistisches, kompaktes Wohnhaus, das auf kleinem Raum alle wesentlichen Wohnfunktionen bietet. Tiny Houses sind oft mobil und bieten die Möglichkeit, sich kreativ auszuleben und sich selbst zu verwirklichen, indem man den begrenzten Raum individuell gestaltet. Diese Wohnform verspricht eine bewusste, entschleunigte Lebensweise und die Konzentration aufs Wesentliche. Da Tiny Houses oft in größerer Zahl auf einem Grundstück stehen, stärken sie auch das Gemeinschaftsgefühl. Unterm Strich steht das Tiny House für eine nachhaltige, einfache und erfüllte Lebensweise abseits traditioneller Wohnmodelle. Damit erinnert es mich an Aussteigerträume vom Leben in einer einfachen Hütte auf Bali, in einem Ashram in Indien oder einer Safarihütte in der Serengeti.

Unsere Wohnträume sind vielfältig und sehen nicht für jeden gleich aus. Die Palette der Traumhäuser ist breit und reicht vom Chalet in den Bergen über das klassische Einfamilienhaus bis zum Loft in der Stadt. Sie verkörpern alle unterschiedliche Sehnsüchte – nach Einfachheit und Spiritualität, Abenteuer und Naturverbundenheit oder nach urbanem Chic und Modernität. Auch wenn unsere Wohnträume variieren, herrscht weltweit große Einigkeit darüber, was wir nicht wollen: Enge, dunkle und trostlose Wohnverhältnisse oder überbelegte Räume ohne Zugang zu Himmel und Grün. Von grauen Satellitenstädten oder Plattenbausiedlungen alten Stils wenden wir uns ganz instinktiv ab. **WOHN-WENDE bedeutet, dass Menschen nicht nur ein Dach über dem Kopf haben, sondern ein Zuhause, in dem sie sich wohlfühlen.**

Und genau deshalb sind unsere Wohnträume auch so wichtig. Sie spiegeln grundlegende menschliche Bedürfnisse wider und bieten Motivation und Inspiration, das Leben im Hier und Jetzt zu verbessern. Wir können versuchen, Elemente dieser Träume in unseren Alltag zu integrieren – sei es durch einen Garten, eine Wohnung mit Balkon, regelmäßige Ausflüge in die Natur oder indem wir unseren Wohnraum nach persönlichen Wohlfühlkriterien gestalten. Selbst wenn diese Wohnträume immer auch eine psychologische Flucht aus dem Alltag darstellen: Sie helfen, sich über die eigenen Bedürfnisse und Werte klarer zu werden und langfristige Lebensziele zu definieren.

Willkommen auf der Metaebene

Zum einen finde ich Wohnträume unglaublich spannend. Zum anderen halte ich es aber für wichtig, sie angesichts der grassierenden Wohnungsnot zu hinterfragen. Woher kommen denn unsere inneren Traumbilder, was steckt dahinter?

Wenn Sie mich fragen, beinhalten all diese Träume auf einer Metaebene gemeinsame Elemente wie die Sehnsucht nach Schönheit, Weite, Freiheit und gleichzeitig Geborgenheit. Diese Sehnsüchte sind tief in unserer Psyche verankert. **Sie zeigen unser Bedürfnis nach einem harmonischen und erfüllenden Lebensraum, nach einem sicheren Hafen in einer oft chaotischen Welt oder nach einem spirituellen Rückzugsort – nach einem echten Zuhause.**

Doch Moment mal, kommen all diese Träume tatsächlich aus unserem Innersten? Ich frage mich, wie sich kulturelle Prägungen, gesellschaftliche Ideale und daraus resultierende äußere Erwartungen oder auch das Streben nach sozialem Status auf unsere Träume auswirken. Fast jede Branche da draußen ist daran interessiert, dass wir möglichst viel Platz haben, damit sie uns Dinge verkaufen kann. Das Wasserbett, den Heimtrainer, die Profiküche, die Sofalandschaft – nur um ein paar Beispiele zu nennen. Das Hinterfragen der eigenen Wohnträume kann befreiend wirken. Denn der Traum von der weitläufigen Villa, überhaupt der Traum vom Eigenheim, bindet heutzutage enorme finanzielle Ressourcen. Nicht selten entscheiden sich Menschen aus dem Bauch heraus für die vermeintliche Traumwohnung oder das Traumhaus. In der Folge knebeln sie sich selbst und müssen – oftmals über Jahrzehnte hinweg – einen großen Teil ihres verfügbaren Einkommens dafür aufwenden. Doch Geld kann man nur einmal ausgeben und manch einer denkt vielleicht wehmütig: Hach, es wäre eigentlich viel schöner, wenn ich spontan eine Woche nach Italien fahren könnte. Das ist aber bei der Miete oder Hypothek nicht mehr drin. In Zeiten exorbitant gestiegener Mieten und Baukosten kann die Verwirklichung des Wohntraums auch ein sehr großer Klotz am Bein sein – anstatt Freiheitsturbo. Wer will denn noch jahrzehntelang auf alles Mögliche verzichten, nur um den großen Traum von der eigenen

Immobilie zu realisieren? Immer mehr Menschen können oder wollen das nicht mehr. Die Gesellschaft verändert sich – und mit ihr unsere Träume. Wir machen neue Erfahrungen und öffnen uns für neue Ideen.

Vom Wohntraum zum Albtraum – Villa am See für alle?

Stellen Sie sich vor, wir alle, also 83 Millionen Menschen in Deutschland, würden den Traum von der Villa am Wasser leben. Die Uferlinien der Seen und Flüsse wären gesäumt von endlosen Reihen an Villen, die natürliche Lebensräume und Ökosysteme zerstören. Die Infrastruktur würde unter dem Druck kollabieren: Straßen und Brücken müssten massiv ausgebaut werden, um die abgelegenen Villen zu erreichen. Eine nennenswerte Nahversorgung gäbe es nicht mehr, denn Supermärkte, Schulen und Krankenhäuser lägen weit verstreut statt zentral. Die Folge wären lange Fahrtzeiten, ein exorbitant erhöhter Energieverbrauch – und von Paketdiensten ständig verstopfte Straßen. Die Versorgungssysteme wären nicht abbildbar, da die Nachfrage nach Trinkwasser und Abwasserentsorgung die Kapazitäten der bestehenden Systeme sprengen würde. Die Umweltverschmutzung würde dramatisch ansteigen: Tieren würde der Lebensraum geraubt, die Luftverschmutzung stiege durch den erhöhten Verkehr, und die Zerstörung von Wäldern und Grünflächen für den Bau der Villen würde den CO_2-Ausstoß in unvorstellbare Höhe treiben. Unter dem Strich würde der Traum von der Villa am Wasser zu einem Albtraum für die Gesellschaft und die Umwelt werden, der unsere Lebensqualität drastisch verschlechtern und die Zukunft unseres Planeten gefährden würde. **Wenn alle Menschen allein in Deutschland in einer Villa am Wasser leben wollten, würde dies eine dystopische Landschaft unvorstellbaren Ausmaßes schaffen.**

Ganz so utopisch ist die eben skizzierte Szenerie leider nicht. In den vergangenen 50 Jahren hat sich die Weltbevölkerung mehr als verdoppelt. Gleichzeitig stieg der Flächenverbrauch pro Kopf dramatisch. 50 Jahre sind in der Siedlungsgeschichte der Menschheit nur ein winziger Augen-

blick, doch die Auswirkungen sind enorm. Wie wohnten denn unsere Großeltern und Urgroßeltern noch vor wenigen Jahrzehnten? In deutlich kleineren Häusern und Wohnungen! Somit war der Flächenverbrauch pro Person deutlich geringer. Die rasante Entwicklung in den vergangenen Jahrzehnten unterstreicht eine Tatsache, die wir an für sich längst kennen: Unser heutiger Lebensstil ist nicht nachhaltig. Unsere Träume passen nicht mehr zu unseren ökologischen Rahmenbedingungen. Müssen wir sie deshalb unter der Last der neuen Sachzwänge begraben?

Vergessen Sie nicht, sich mit den brutalen Tatsachen auseinanderzusetzen

Im Kindergarten wollte ich Landwirt werden, in der Grundschule Tierarzt. Heute bin ich als Wohnraumschaffer glücklich. Geht es Ihnen ähnlich? Sind auch Sie in einem ganz anderen Beruf gelandet, als sie es sich einmal erhofft hatten?

Wir alle verändern uns und durchlaufen viele verschiedene Phasen im Leben. Auch unsere Träume und Emotionen sind dynamisch und wandeln sich im Laufe der Zeit. Sie reagieren auf Veränderungen in uns wie auch in unserem engen globalen Umfeld. Globale Veränderungen sind die aktuellen Herausforderungen wie Kriege, der Klimawandel, der Flächenverbrauch und die hohen Wohn- und Baukosten. Sie betreffen so viele von uns direkt und indirekt, dass wir die Augen nicht länger davor verschließen können. Auf einer rationalen Ebene gibt es tatsächlich bereits viele Ansätze, unsere Wohnträume neu zu definieren – indem wir zum Beispiel ohne fossile Brennstoffe heizen, Energie aus Wind, Wasser und Sonne generieren und die Kreislaufwirtschaft einführen. Doch wir dürfen auch unsere Emotionen nicht außer Acht lassen, denn sie sind ein starker Motor für Veränderung. Wir Menschen unterstehen der Macht der Gewohnheit. **Damit sich etwas verändert, damit wir unsere Komfortzone verlassen, braucht es in der Regel eine Krise.** Krisen wirken als Katalysatoren für Wandel. Der Druck steigt und zwingt uns, neue Wege auszuprobieren und alte Gewohnheiten zu hinterfragen.

Als Wegweiser für die WOHNWENDE habe ich im ersten Kapitel das Stockdale-Paradoxon vorgestellt: »Über den Glauben an ein gutes Ende – an dem du immer festhalten musst – darfst du nicht vergessen, dich mit den brutalen Tatsachen der momentanen Situation auseinanderzusetzen, so schlimm diese auch sein mögen.« Ohne Zweifel sind Wohnungsnot und Wohnungslosigkeit ernste Krisen. So ernst, dass wir den Kopf nicht in den Sand stecken und die Krisen ignorieren dürfen. Denn sie werden nicht einfach von selbst verschwinden. Damit sich etwas ändert, müssen wir uns mit der schlimmen momentanen Situation auseinandersetzen und uns den aktuellen Herausforderungen stellen – sei es Klimawandel oder auch Flächenverbrauch sowie hohe Wohn- und Baukosten.

Gleichzeitig sollten wir unbedingt an der Sehnsucht nach Freiheit und Schönheit festhalten und an dem Glauben an ein gutes Ende. Wir sollen unsere Wohnträume also nicht fatalistisch begraben, sondern hinterfragen und neu definieren. **Im Reflektieren und in der Weiterentwicklung klassischer Wohnträume steckt die Chance, ein Zuhause schaffen, das uns wirklich erfüllt – weil wir uns darin gebor-**

gen und gleichzeitig frei fühlen, weil es sowohl ästhetisch ist als
auch das Bedürfnis nach Gemeinschaft stillt.** So finden wir mehr als
nur ein Dach über dem Kopf: einen Ort, den wir Zuhause nennen.

Auf zu neuen Wohnträumen

Bei einem befreundeten Ehepaar mit Mitte 50 sind die Kinder gerade aus
dem Haus. Die beiden möchten die zweite Lebenshälfte aktiv gestalten
und sich räumlich verändern, ein Domizil fürs Alter schaffen. Nachdem
sie ihre Wünsche und Vorstellungen (zwei Arbeitszimmer, Gästezimmer,
Bibliothek ...) gesammelt hatten, kamen sie auf eine Wohnfläche von 150
Quadratmetern. Darüber waren sie selbst ziemlich erschrocken. Denn
ungefähr so viel Fläche bewohnen sie bereits, allerdings bis vor Kurzem
als fünfköpfige Familie. Vor einiger Zeit saßen wir abends zusammen
und sie erzählten mir von ihren Überlegungen. Wie ich es in diesem Buch
tue, so legte ich auch ihnen alternative Wohnformen dar. Im Verlaufe des
Abends hatte ich das Gefühl, einen Denkprozess angestoßen zu haben.

Kürzlich bekam ich ein Update ihrer Planungen: Sie wollen sich nun zunächst alternative Wohnformen wie Cluster-Wohnungen anschauen. Außerdem kamen Sie auf die Idee, einen Teil ihrer Bücher einer öffentlichen Bibliothek zu stiften und diese daraufhin regelmäßig aufzusuchen, anstatt
eine eigene Bibliothek nur für sich als Paar einzurichten. Auch das Gästezimmer könnte entfallen und die Verwandtschaft in der Nähe untergebracht werden, für die wenigen Tage im Jahr, an denen sie vorbeikommen.

**Die eigenen Vorstellungen und Träume hin und wieder einem Rea-
litätscheck zu unterziehen, kann befriedigend und befreiend wirken.**
Auch bei meinem eigenen heimlichen Wohntraum mache ich da keine
Ausnahme. Ich bin sehr naturverbunden, daher rührt die Vision vom Haus
am See in den Bergen. Doch ehrlich gesagt schätze ich es, aus unserer
derzeitigen Wohnung in einem Mehrfamilienhaus fußläufig in die Innenstadt zu gelangen. Zu Fuß auf den Markt, zum Schneider oder ins Café zu
spazieren – das ist für mich ein großes Stück Lebensqualität. Am See in
den Bergen wäre ich vom Auto abhängig. Die nächsten Nachbarn wür-

den womöglich kilometerweit entfernt wohnen. Bis zum nächsten Laden bräuchte ich 20 Minuten und ins Büro mindestens eine Stunde. Natürlich könnte ich in der ruhigen Hütte wunderbar im Homeoffice arbeiten, aber ohne die Nähe zum Team und die Baustellentermine wäre meine Arbeit nicht mehr das Wahre. Von meinem CO_2-Abdruck ganz zu schweigen, denn ökologisch gesehen wäre diese ganze Fahrerei ein Fiasko. Zudem hätte ich im Alltag sehr wenig Zeit, um an meinem Traumkamin oder in meiner Bibliothek zu sitzen. Stattdessen säße ich die meiste Zeit im Auto. Fazit: Mein aktuelles Leben ist mit meinem Traum nicht kombinierbar.

Vor Veränderungen schrecken wir bekanntlich erst mal zurück. Doch im Rückblick fühlen sich Veränderungen oft wie ein Gewinn an. Ich denke da zum Beispiel an die wohlsituierte Dame, die ihre 230-Quadratmeter Villa in Hanglage gegen ein Penthouse auf einem von uns gebauten Gemeinschaftscampus eintauschte. Heute genießt sie den Austausch in einer aktiven Nachbarschaft und kann sich nicht mehr vorstellen, allein in einem riesigen Haus mit Garten zu wohnen, respektive sich darum zu kümmern. Rückblickend war der frühere Traum schon lange mehr Stress und Bürde als Erfüllung. Für sie war es höchste Zeit, aus dem ehemaligen Traum auszusteigen und diesen loszulassen. »Zum Glück habe ich den Schritt gewagt, ich habe so viel dadurch gewonnen«, sagt sie heute.

Erst wenn wir alte Wunschvorstellungen loslassen, entsteht Platz für neue Bilder und Wohnträume. Diese neuen Bilder sind nicht schwarzweiß. Es gibt unzählige Facetten des Wohnens und damit die Chance, die für sich selbst ideale Mischung aus Individualismus und Sehnsucht nach Gemeinschaft, Bezahlbarkeit und Schönheit auf weniger Raum zu finden. In diesem Buch finden sich dazu unzählige Anregungen und Praxisbeispiele, aus denen neue Wohnträume entstehen können.

Noch ein inspirierendes Wohnkonzept habe ich kürzlich in Mannheim entdeckt. Ich sprach darüber mit Alexander Döring, der zusammen mit seiner Frau Carina Krey ein neuartiges Wohnmodell für Menschen über 50 entwickelt hat – den Anundo-Park. Anstoß dafür war die Tatsache, dass für viele Menschen der früher bereits erfüllte Traum vom Haus im Grünen nach dem Auszug der Kinder, einer Trennung oder dem Tod eines Partners mehr und mehr zur Last wird. Dabei stehen die

Menschen oft noch mitten im Berufsleben und sind gedanklich Jahrzehnte entfernt von der Seniorenresidenz. Diese Lücke füllen Krey und Döring mit ihrem Konzept für unternehmenslustige Best Ager, die das Leben genießen und ihre Freizeit nach ihren Wünschen gestalten wollen. Geschaffen haben sie eine Art Wohngemeinschaft[109] für Menschen im mittleren Alter, in urbaner Lage mit guter Infrastruktur und vor allem viel Gemeinschaft. Aushängeschild des Konzepts ist auch die stilvolle und zugleich nachhaltige Architektur, die nicht an ein Altersheim erinnert, sondern den Wunsch weckt, dort hoffentlich möglichst bald einziehen zu dürfen. Nichtsdestotrotz ist das Konzept barrierefrei gestaltet, sodass die Menschen darin tatsächlich unbeschwert alt werden können.

In die 54 unterschiedlich großen Mietwohnungen sind Menschen zwischen Anfang 50 und 80 Jahren eingezogen. Viele sind noch berufstätig, manche schon im Ruhestand. Die zwei Gebäude in Mannheim entsprechen dem Energiestandard KfW55, haben eine Photovoltaikanlage und dreifach verglaste Fenster. Nistplätze für Vögel und begrünte Fassaden gehören zum Konzept. Nicht nur den Vögeln wird der Nestbau hier erleichtert, sondern auch den Menschen, die hier einziehen. Denn sie ziehen zwar aus einem Eigenheim oder einer größeren in eine kleinere Wohnung, doch dank des durchdachten Konzepts empfinden die meisten diese Verkleinerung als Gewinn. Einen entscheidenden Anteil daran haben Räume, die sich außerhalb ihrer eigentlichen Wohnung befinden. So stehen den Bewohnerinnen und Bewohnern 300 Quadratmeter gemeinschaftliche Flächen zur Verfügung. Da gibt es einen Projektraum mit großer Küche, eine Bibliothek, ein Musikzimmer, eine Werkstatt, einen Fitnessraum mit Sauna sowie eine große Dachterrasse mit Aussicht und Outdoorküche, dazu einen Innenhof mit Garten und eine Gästewohnung. Die Bewohnerinnen und Bewohner füllen diese Räume mit Leben. So bietet eine Physiotherapeutin im Ruhestand zum Beispiel jeden Samstag Gymnastik auf der Dachterrasse an. In der internen WhatsApp-Gruppe findet sich meistens jemand, der Lust auf Unternehmungen wie Schwimmen, Skat, einen Tischkicker-Abend oder auf Grillen im Garten hat. Vereinsamung im Alter? Fehlanzeige!

Für mich steckt in diesem Modell großer gesellschaftlicher Nutzen und ich wünsche mir, dass es zahlreiche Nachahmerinnen findet. Die

Mieterinnen und Mieter im Mannheimer Anundo-Park haben sich räumlich verändert und verkleinert. **Doch ihr Beispiel beweist, dass Veränderung nicht zwangsläufig Entsagung bedeutet.** Vielmehr geht es um ein Rückbesinnen auf das, was wirklich zählt. Gemeinschaft, Zusammenleben und Nachhaltigkeit rücken in den Mittelpunkt neuartiger Wohnträume. Aspekte, die beim Streben nach isolierten Luxusdomizilen unter den Tisch gefallen sind. Dabei steht kein Traumhaus isoliert – besser also, wir schauen uns die Nachbarschaft vorher genau an.

Auf gute Nachbarschaft

Ob Möbelhaus-Werbung oder Wohnzeitschrift: Die stimmungsvoll inszenierten Interior-Design- und Lifestyle-Wohnwelten aus den Medien sind meist menschenleer. Auch wenn es um die Wohnung unserer Träume geht, denken wir die Nachbarschaft in der Regel nie mit. Als zögen wir auf einen fernen Planeten, blenden wir aus, dass wir mit den Menschen um uns herum klarkommen müssen. Beziehung ist meiner Meinung nach ein entscheidender Aspekt des Zuhausegefühls, den wir beim Ausmalen klassischer Wohnträume häufig vernachlässigen. Denn was mache ich in meinem Chalet in den Bergen, wenn abends keine Freunde zum gemeinsamen Kochen vorbeikommen, weil sie viel zu weit weg wohnen? Ich weiß von einem Pärchen, das eine Traumwohnung im Kaiserviertel in Dortmund hatte. Ein klassizistischer Altbau wie aus dem Bilderbuch, fantastische Räume auf der ersten Etage, hohe Decken, sehr stilvoll eingerichtet. Doch der jahrelange Kleinkrieg mit dem Bewohner des Erdgeschosses zermürbte sie. Am Ende eskalierte der Konflikt und der Nachbar drohte handgreiflich zu werden. Das Paar zog schließlich Hals über Kopf aus und bewohnt heute einen eher generischen Neubau. Kein Vergleich mit dem Wohntraum von vorher – den sie mittlerweile als Albtraum zu den Akten gelegt haben.

Wer aus Berlin ins beschauliche Brandenburg zieht, überlegt sich besser vorher, ob er mit der bäuerlichen Mentalität dort klarkommt. Sonst geht es ihm oder ihr womöglich wie einigen Protagonisten in Juli Zehs Roman

»Unter Leuten«. Darunter Jule Fließ, die das Dorfleben schließlich hinter sich lässt und wieder zurück in die Stadt zieht, weil sie die Spannungen und Konflikte im Dorf und die mangelnde Integration nicht mehr aushält.

Auf der Beziehungsebene ist die Nachbarschaft wie eine Art neue Lebenspartnerschaft – sie hat einen großen Einfluss auf Lebensqualität. So kann es passieren, dass die erträumte Finca auf Mallorca trotz der idyllischen Umgebung und der ersehnten Ruhe nicht zum Zuhause wird. Sei es, weil man mit der Nachbarschaft nicht warm wird oder weil kulturelle und soziale Unterschiede zwischen den Zugezogenen und den Alteingesessenen zu Missverständnissen und Spannungen führen. Auch sprachliche Barrieren können das Gefühl der Isolation verstärken und den erträumten Wohnort zu einer Quelle der Enttäuschung machen.

Was ich wirklich wirklich will

Leider kann man Wohnformen nicht so einfach anprobieren wie Schuhe. Denn dann würden wir direkt merken, dass sie drücken, bevor wir zur Kasse gehen und bezahlen. Umso wichtiger ist es, uns die neue Gegend vorab genau anzuschauen und die damit einhergehenden Querbeziehungen und Konsequenzen herauszufiltern. Lebe ich in der Innenstadt, benötige ich zum Beispiel kein eigenes Auto, da gibt es den ÖPNV und Carsharing-Angebote. Vielleicht schaffe ich mir auch ein Lastenfahrrad an. Auf einem Bauern- oder Aussiedlerhof wohne ich zwar naturnah, bin jedoch ohne Auto aufgeschmissen. Wenn die steile Zufahrt wie bei meinen Großeltern im Harz im Winter vereist ist, brauche ich womöglich sogar einen Vierradantrieb. Den großen Garten finde ich traumhaft schön und die Idee vom biodynamischen Selbstversorgerdasein fasziniert mich. Aber bin ich noch immer begeistert, wenn die Schnecken meine Beete ratzeputz kahl gefressen haben? Auch das schicke Loft macht echt was her – aber will ich in zehn Jahren noch mehrmals täglich die steile Wendeltreppe hinauf- und hinabsteigen?

Die Frage »Was ich wirklich wirklich will« stammt von Frithjof Bergmann, dem Vater der New Work-Bewegung. Ich finde sie spannend und versuche, ihre Grundsätze in meinem Arbeitsalltag und im Team umzusetzen. Der New Work-Ansatz ermutigt Menschen, ihre beruflichen und persönlichen Bedürfnisse und Wünsche zu reflektieren und zu verfolgen, um ein erfülltes und authentisches Leben zu führen.

Diese Frage lässt sich sehr gut auf das Thema Wohnträume übertragen. Sie lädt ein, in uns zu gehen und darüber nachzudenken, was uns als Individuum, Paar oder Familie glücklich macht. Wo liegen die eigenen Prioritäten? Sind es die 100 Quadratmeter Wohnfläche nur für mich oder ist es vielmehr der Wunsch, regelmäßig Freunde einzuladen? Ist es die profimäßig ausgestattete neue Küche, in der ich womöglich fast ausschließlich Tiefkühlkost zubereite? Ziehe ich wirklich ins hippe Berlin, wo ich überfüllte U-Bahnen doch hasse und vor lauter Arbeit sowieso keine Zeit für Partys und das riesige Kulturangebot habe?

»Was ich wirklich wirklich will« heißt: Ich hinterfrage in Ruhe meine Wohnträume, anstatt mir etwas unterjubeln zu lassen, was nicht meins ist. Denn wir leben bekanntlich in einer Konsumgesellschaft, die uns einlullt und einredet, dass mehr Dinge zu mehr Glück führen. Das ist ein Trugschluss – mal ganz abgesehen von der Tatsache, dass wir die Zeit, die wir brauchen, um mehr Dinge zu nutzen, nicht mitkaufen können. Deshalb ist es wichtig, gedanklich und emotional einen Schritt zurückzutreten und zu reflektieren. Anstatt sich von gesellschaftlichen Erwartungen oder idealisierten Vorstellungen leiten zu lassen, sollten Menschen ehrlich Bestandsaufnahme betreiben, was sie in ihrem Wohnumfeld brauchen, um glücklich zu sein. Vielleicht entscheiden sie sich dann für ein kleines, gemütliches Zuhause auf einem Campus in der Stadt, anstatt für eine Villa auf dem Land, weil sie die Nähe zu kulturellen Angeboten und sozialen Kontakten schätzen und auf ein repräsentatives Anwesen inmitten eines großen Gartens verzichten können.

Auch wenn in Ihrem Leben gerade keine aktuelle Veränderung ansteht, möchte ich mit diesem Buch dazu anregen, den eigenen Möglichkeitsraum zu öffnen und die alten Träume zu hinterfragen.

Der Weg zum Wohnglück

Auf dem Weg zum Wohnglück ist es nicht nur sinnvoll, unsere Träume zu hinterfragen, sondern auch unsere Definition von Luxus. In der westlichen Welt wird Luxus oft gleichgesetzt mit Verschwendung – mit dem Besitz von teuren, oftmals überflüssigen und sogar verschwenderischen Gütern. Luxus wird hier als Statussymbol verstanden, das Reichtum und sozialen Erfolg demonstriert.

Mir kommt da der extravagante Modedesigner Harald Glööckler in den Sinn, der sagt: »Be everything – except ordinary«, also: »Sei alles, bloß nicht gewöhnlich.«[110] Dahinter steckt Glööcklers Philosophie, dass Luxus und Individualität Hand in Hand daherkommen und es darum geht, sich von der Masse abzuheben, anstatt sich auf das Gewöhnliche zu beschränken – eine auch von Influencern und auf Social Media gelebte Illusion. Meiner Meinung nach muss ein weniger ausschweifendes Leben keineswegs gewöhnlich sein. Da hat uns die »Money Culture« jahrzehntelang falsche Tatsachen vorgegaukelt. Es ist nicht das »Immer höher, schneller, weiter«, was uns glücklich macht. Es kommt auf andere Werte an.

Im Gegensatz zur Opulenz und dem Streben nach mehr steht die philosophische Tradition von Luxus als Maß und Mitte, als Sinnbild von Angemessenheit. Sie findet sich bereits in den Lehren von Aristoteles, der in seiner Nikomachischen Ethik das Konzept der »Mesotes« (Mitte) beschreibt. Aristoteles argumentiert, dass Tugend in der Mitte zwischen zwei Extremen liegt – dem Übermaß und dem Mangel. **Wie wäre es, wenn wir unter Luxus wieder das richtige Maß und die angemessene Nutzung von Ressourcen verstehen?** Dann kann er als Ausdruck von Weisheit und Tugendhaftigkeit gesehen werden. Aristoteles betont, dass wahres Glück und wahrer Wohlstand nicht im Überfluss, sondern in der Balance und der richtigen Nutzung von Gütern liegen. Auch wenn heute niemand mehr von Tugendhaftigkeit spricht, ist diese philosophische Perspektive nicht von gestern. Mit Blick auf Konzepte wie Nachhaltigkeit und bewusste Lebensführung wirkt sie sogar hochaktuell. Darin steht Luxus nicht für Verschwendung, sondern für die Fähigkeit, das Leben in vollen Zügen zu genießen, ohne dabei die Umwelt oder die Gesellschaft zu belasten.

Die Resilienzforschung sagt, Glück resultiere aus Dankbarkeit. Es ist nicht das Streben nach immer mehr, das uns erfüllt, sondern das Schätzen dessen, was wir bereits haben oder was uns guttut. Wenn wir uns auf das Wesentliche besinnen und erkennen, dass Erfüllung nicht im Luxus, sondern in der Einfachheit und Gemeinschaft liegt, können wir langfristig glücklich werden. **Ein Zuhause, das uns emotional erfüllt, muss nicht groß oder luxuriös sein. Es kann ein Ort sein, der funktional und dennoch warm und einladend ist, wo wir uns mit unseren Liebsten verbunden fühlen.** Es geht darum, ein Zuhause zu schaffen, das uns innerlich erfüllt, anstatt damit nur äußerlich zu beeindrucken. Und es geht darum, die Ressourcen dieses Planeten nicht länger übermäßig zu beanspruchen.

Das heißt nicht, dass wir unsere Wohnträume abhaken müssen. Es genügt zu erkennen, dass sie selten alltagstauglich sind. Denn der Alltag ist das Ende der Sehnsucht. Die anfängliche Romantik des Traumhauses am See wird schnell von den täglichen Routinen und Pflichten entkräftet. Die idyllische Vorstellung weicht der Realität: Hausarbeit, Instandhaltung und Isolation rauben dem Traum die Faszination. Ohne Freunde vor Ort, ohne die Abwechslung und Dynamik des städtischen Lebens, kann das Dasein im Traumhaus schnell monoton und einsam werden. Aus der anfänglichen Begeisterung über den Ausblick wird bald Langeweile, die Sehnsucht nach Ruhe und Natur schlägt womöglich um in Unzufriedenheit, wenn ich eine halbe Stunde Auto fahren muss, um ein paar Brötchen zu besorgen. Das alltägliche Wohnglück bezieht sich daher weniger auf Quadratmeter und Luxuslage, sondern auf das Gefühl der Zufriedenheit und des Wohlbefindens im eigenen Zuhause.

Das Sprichwort »Das Gras ist immer grüner auf der anderen Seite« beschreibt treffend die menschliche Neigung, andere Lebenssituationen idealisierter zu betrachten als die eigene. Diese idealisierten Vorstellungen fallen im Realitätscheck fast immer durch. Anstatt ernsthaft auf ein Haus am See hinzuarbeiten, verbringe ich deshalb meinen Urlaub bewusst in der Natur. Gemeinsam mit Freunden ein großes Haus am Meer zu mieten oder mit der Familie in eine Hütte in den Bergen zu fahren – das sind realitätsnahe Wege der Traumerfüllung.

Wenn wir die Vorstellung zulassen, dass wahres Glück aus Dankbarkeit und nicht aus materiellem Überfluss entsteht, können wir Wohnträume entwickeln, die sowohl uns als auch unserer Umwelt guttun. Der eine bringt mit Minimalismus ein Gefühl der Leichtigkeit ins eigene Leben und verbraucht mit seinem Tiny House kaum Fläche. Die andere lebt mit ihrer Katze in einem Mehrgenerationenhaus, der nächste zieht mit seiner Familie in eine Wohnanlage mit gemeinschaftlich genutzten Grünflächen und Gärten. Von autarken Gebäuden über Passivhäuser bis zum Urban Farming gibt es unzählige neue Wohnformen, mit denen wir uns selbst verwirklichen können. So schaffen wir ein Zuhause, das uns emotional erfüllt und gleichzeitig nachhaltig ist.

Packen wir es an

Das gute Leben im Alltag findet nicht im Traum, sondern im Hier und Jetzt statt. Warum leben wir nicht so manchen Wohntraum immer wieder in unseren Urlauben und packen die alltäglichen Herausforderungen konkret an, auch wenn sie komplex sind? Ein bekanntes Sprichwort besagt: »**Not macht erfinderisch**«. **Das gilt besonders für die Wohnungsnot.** Denn ohne Not, ohne Druck, verlassen wir Menschen nur selten unsere Komfortzone. Insofern ist die Wohnungsnot eine Chance für dringend notwendige Veränderungen – die WOHNWENDE. Für uns selbst, die wir gemeinschaftsorientierte Wesen sind – und für unseren Planeten, der unter unseren überzogenen Ansprüchen ächzt und schwitzt. Was mir am Stockdale-Paradoxon so gut gefällt, ist, dass es uns von der Opfer- in die Gestalterrolle katapultiert. Wir alle können unsere Wohnträume hinterfragen und uns bewusst entscheiden für weniger Wohnfläche, mehr Gemeinsinn und Umweltschutz.

**Eine WOHNWENDE ohne Taten ist nichts wert.
Packen wir es an?**

Eine Vision

Eine Utopie des Wohnens im Jahr 2040

Die Sonne scheint auf die Fassaden der modernen Holzgebäude, die sich harmonisch in das lebendige, grüne Quartier einfügen. Die Gebäude haben sanft geschwungene Linien, die die Natur um sie herum abrunden. Die Bestandsgebäude wurden in das neue Ensemble integriert und grundlegend saniert. Kinder fahren mit ihren Fahrrädern über einen autofreien Platz, während in der Ferne eine Gruppe von Senioren in einem schattigen Pavillon sitzt und Schach spielt. Junge Familien, Alleinstehende, Studierende, Geflüchtete und Senioren wohnen hier Tür an Tür. Menschen, die früher in völlig getrennten Lebenswelten gelebt hätten, begegnen sich nun im Alltag und beleben das Quartier als gemeinsames Zuhause.

Die Wohnhäuser bestehen aus nachhaltigen Materialien wie Holz und kreislauffähigen Materialien wie Lehm. Sie sind CO_2-neutral, energiepositiv und wo notwendig barrierefrei. Ihre begrünten Dächer tragen aktiv zur Klimaregulierung bei, während ein integriertes Bewässerungssystem Regenwasser sammelt

und die bepflanzten Fassaden und Gemeinschaftsgärten versorgt. Solarmodule auf den Dächern und in den Fassaden sorgen dafür, dass das Quartier mehr Energie erzeugt, als es verbraucht. Überschüssige Energie wird an den Stadtteil weitergeleitet, wodurch eine symbiotische Beziehung zwischen den Quartieren entsteht.

Das Leben in diesem Quartier ist geprägt von Nähe, Eigenständigkeit und Solidarität. Die Nachbarn treffen sich in den Gemeinschaftsräumen, um gemeinsam Sport zu treiben, Gesellschaftsspiele zu spielen und in der Gemeinschaftsküche zusammen zu kochen. Ein paar Meter weiter pflegen Anwohnerinnen gemeinsam Hochbeete, in denen Gemüse angebaut wird. Was hier wächst, landet auf den Tellern der Bewohner oder wird in einem kleinen Café im Quartier verarbeitet, das von der Nachbarschaft betrieben wird. Für viele von ihnen war dies der Startpunkt in ein neues Leben – ein Zuhause, das nicht nur Schutz bietet, sondern auch Perspektiven schafft. Wohnlager von Obdachlosen unter Eisenbahnbrücken gehören der Vergangenheit an.

Ein Zuhause zu haben bedeutet mehr, als ein Dach über dem Kopf zu haben. Es ist die Grundlage für Sicherheit und Stabilität – und ein Anker, der es Menschen ermöglicht, sich auf das Gemeinwohl zu konzentrieren. Wer nicht täglich um sein Überleben kämpfen muss, hat die Freiheit, sich aktiv für seine Gemeinschaft und Gesellschaft einzusetzen.

In diesem Quartier engagieren sich die Bewohner und Bewohnerinnen nicht nur für ihre Nachbarschaft, sondern auch für die Gesellschaft als Ganzes. Sie organisieren Veranstaltungen, unterstützen Initiativen zur Förderung von Bildung und Integration und bringen ihre Stimmen in die demokratische Debatte ein. Diese gelebte Demokratie beginnt hier, im Alltag, und wirkt weit über die Grenzen des Quartiers hinaus.

Wohnungsnot gemeinsam meistern

Der Weg zu dieser Welt begann mit einem gemeinsamen Ziel: Niemand sollte mehr ohne ein Zuhause sein. Die Wohnungsnot wurde zu einer

Aufgabe für die gesamte Gesellschaft, und alle – Politik, Wirtschaft, Städteplaner und Bürgerinnen – trugen ihren Teil bei.

Mutige Projekte wie die im Buch beschriebenen und viele andere waren erst der Anfang. Sie zeigten, wie nachhaltiger und bezahlbarer Wohnraum geschaffen werden kann, ohne die soziale und ökologische Verantwortung aus den Augen zu verlieren. Gleichzeitig wurden politische Maßnahmen wie strengere Regeln gegen Leerstand und die Förderung von genossenschaftlichem Wohnen umgesetzt. Bauprozesse wurden durch Kreislaufwirtschaft revolutioniert: Materialien wurden wiederverwendet, Ressourcen geschont und Gebäude modular und flexibel gestaltet.

Es war ein gemeinsamer Kraftakt, der bewies, dass Wohnungsnot nicht nur ein Problem weniger ist, sondern alle betrifft – und von allen gelöst werden kann. Die Gesellschaft erkannte, dass Wohnen ein Menschenrecht ist, und handelte entsprechend.

Der Weg zu dieser Zukunft

Es waren drei zentrale Prinzipien, die die WOHNWENDE möglich machten.

Das erste Prinzip hieß: **Nachhaltig bauen und wohnen.** Der Übergang zur Kreislaufwirtschaft revolutionierte den Bausektor. Gebäude wurden so entworfen, dass sie CO_2-neutral sind und alle Materialien wiederverwendet werden können. Quartiere wurden zu »Schwammstädten«, die Wasser speichern, Hitze reduzieren und das Klima regulieren. Holz und andere nachwachsende Rohstoffe wurden zum Standard. Das Wohnen wurde nicht länger als Problem für den Planeten gesehen, sondern als Chance, ihn aktiv zu schützen. Urbane Räume wurden wieder grün.

Das zweite Prinzip: **Gemeinschaft fördern.** Neue Wohnkonzepte wie Cluster-Wohnungen, Co-Living-Modelle und gemeinschaftlich genutzte Räume überwanden soziale Isolation. Nachbarschaften boten Raum für Begegnung und Solidarität, was Einsamkeit und soziale Spannungen verringerte.

Das dritte Prinzip lautete: **Bezahlbaren Wohnraum schaffen.** Sozial verantwortliches Handeln wurde nicht nur versprochen, sondern in die Tat umgesetzt. Eine ausgewogene Durchmischung der sozialen Schichten wurde zum Standard. Geflüchtete, Geringverdiener, Familien und Senioren fanden in neuen Quartieren ein Zuhause, das ihnen Würde und Sicherheit bot.

Meine persönliche Vision

Wenn ich an das Jahr 2040 denke, sehe ich nicht nur Gebäude vor mir. Ich sehe Lebensräume, die Würde, Gemeinschaft und Nachhaltigkeit vereinen. Räume, die niemanden ausschließen und jedem ein Zuhause bieten. Ich träume von Quartieren, in denen Vielfalt nicht die Ausnahme, sondern die Norm ist. Von Orten, an denen Menschen nicht nach ihrem Einkommen beurteilt werden, sondern nach dem, was sie beitragen. Von Städten, die nicht nur CO_2-neutral sind, sondern dem Planeten aktiv etwas zurückgeben.

Diese Vision ist mehr als ein Traum. Sie ist ein Ziel, das wir gemeinsam erreichen können. Denn die Zukunft beginnt nicht in weiter Ferne, sondern heute – mit den Entscheidungen, die wir treffen, und den Projekten, die wir unterstützen. Niemand kann die Wohnungsnot allein lösen. Aber gemeinsam können wir die Welt verändern. Lassen Sie uns zusammen daran arbeiten, dass Wohnen wieder ein Menschenrecht wird – und keine Ware. Lassen Sie uns die Kluft zwischen Parkbank und Penthouse überwinden.

Die WOHNWENDE ist keine Utopie, sondern die notwendige Antwort auf die Nöte unserer Zeit!

Quellen

Sofern nicht anders angegeben, wurden alle Internetquellen zum letzten Mal am 10. März 2025 abgerufen.

1 https://de.statista.com/statistik/daten/studie/1452146/umfrage/entwicklung-des-wohnungs
mangels-in-deutschland/

2 https://www.zdf.de/nachrichten/panorama/wohnungsnot-wohnraum-zimmer-immobilien-
kinder-wohnungsbau-100.html

3 https://www.rnd.de/wirtschaft/wohnungsmangel-deutschland-fehlen-millionen-unterkuenfte-
fuer-senioren-UE5YM66RJRFEBBFT57FG66NZVM.html%20ETC

4 https://www.gesundheitszentrale.eu/wohnungsnot-steigende-mieten-machen-menschen-krank

5 https://blogs.faz.net/fazit/2019/01/16/warum-arme-leute-frueher-sterben-10485/

6 https://www.deutschlandfunk.de/obdachlosigkeit-man-wird-ein-anderer-mensch-100.html

7 Bundesministerium für Wohnen, Stadtentwicklung und Bauwesen: Wohnungslosenbericht der
Bundesregierung (2024): S. 7, S. 21.

8 https://www.diakonie.de/informieren/infothek/2023/august/wohnungs-und-obdach
losigkeit#c869

9 https://www.telepolis.de/features/Obdachlos-und-systemrelevant-Warum-das-kein-
Widerspruch-ist-9582214.html

10 https://www.deutschlandfunk.de/obdachlosigkeit-man-wird-ein-anderer-mensch-100.html

11 https://www.zeit.de/wirtschaft/2023-01/einkommensverteilung-arm-reich-ungleichheit-
deutschland

12 https://www.weltderwunder.de/problemviertel-in-deutschland-keine-ghettos-aber-soziale-
spaltung/

13 https://www.abendblatt.de/hamburg/article239701163/Mehr-als-2600-Bewerber-auf-einen-
Studierenden-Wohnheimplatz.html

14 https://www.institut-fuer-menschenrechte.de/themen/wirtschaftliche-soziale-und-kulturelle-
rechte/recht-auf-wohnen

15 https://www.capital.de/immobilien/das-sind-die-laender-mit-den-meisten-und-den-wenigsten-
hausbesitzern

16 https://www.capital.de/immobilien/das-sind-die-laender-mit-den-meisten-und-den-wenigsten-
hausbesitzern

17 https://www.laenderdaten.info/laendervergleich.php?country1=ROU&country2=DEU

18 Haushalte wendeten 2022 durchschnittlich 27,8 % ihres Einkommens für die Miete auf – Sta-
tistisches Bundesamt (destatis.de); Mieten in Deutschland: 3,1 Millionen Haushalte leiden
unter extrem hoher Mietbelastung – DER SPIEGEL

19 https://www.zeit.de/2023/41/wohnungsgipfel-bundesregierung-wohungsbau-baukosten

20 Quelle: Infografik »Metropolen: Mietpreisexplosion« in The Pioneer, https://www.thepioneer.
de/graphics/metropolen-mietpreisexplosion

21 https://www.statistik-berlin-brandenburg.de/064-2023

22 https://www.zeit.de/wirtschaft/2023-03/wohnungsmarkt-mieten-berlin-steigerung-grossstaedte

23 https://www.zeit.de/2023/41/wohnungsgipfel-bundesregierung-wohungsbau-baukosten

24 https://www.der-paritaetische.de/alle-meldungen/studie-belegt-wohnen-macht-arm/

25 https://www.deutschlandfunkkultur.de/hilfe-die-deutschen-sterben-aus-100.html

26 https://de.statista.com/statistik/daten/studie/1294820/umfrage/kriegsfluechtlinge-aus-der-ukraine-in-deutschland/

27 https://www.zeitklicks.de/wiedervereinigung-bis-heute/politik/wiedervereinigung-1/bluehende-landschaften

28 https://www.zeit.de/politik/deutschland/2019-05/ost-west-wanderung-abwanderung-ostdeutschland-umzug

29 https://www.zdf.de/nachrichten/panorama/haushalt-statistisches-bundesamt-familie-100.html

30 https://www.wirtschaftsdienst.eu/inhalt/jahr/2020/heft/6/beitrag/mietwohnungsknappheit-in-deutschland-ursachen-instrumente-implikationen.html

31 Spiegel Artikel »Wohn-Wut«, 7.10.2023, S. 8 ff.

32 https://www.sueddeutsche.de/projekte/artikel/muenchen/gbw-dawonia-bayern-muenchen-uebernahme-miete-wohnungen-e289292/?reduced=true

33 https://www.boeckler.de/de/auf-einen-blick-17945-20782.htm

34 Näheres unter: https://www.ht-projektentwickler.de/1000xzuhause

35 Dominik Bloh, »Unter Palmen aus Stahl. Die Geschichte eines Straßenjungen«, Hollenstedt 2017

36 https://www.nachhaltigkeitsrat.de/aktuelles/waschen-ist-wuerde/

37 So heißt auch sein zweites Buch: Die Straße im Kopf: Wie ist ein Weiterleben nach dem Überleben möglich? Raus aus der Obdachlosigkeit, trotzdem kein Zuhause. Kampenwand Verlag

38 https://content.cdn.immowelt.de/newsletter-ui/Redaktion/Pressemitteilungen/2023/2023_12_20_Tabellen_Teuerste_Mietwohnungen.pdf?v=1702990076&utm_id=pm_teuerste_mietwohnungen_20231220_em

39 https://www.spiegel.de/wirtschaft/service/mietwohnungen-ranking-das-sind-deutschlands-teuerste-wohnungen-a-97f60f22-22ea-4021-836b-d57a89fe3576

40 https://www.destatis.de/DE/Presse/Pressemitteilungen/2023/05/PD23_190_63.html

41 https://www.morgenpost.de/wirtschaft/article237714933/Wohnungsnot-Was-Deutschland-von-Finnland-lernen-kann.html

42 BMWSB – Nationaler Aktionsplan gegen Wohnungslosigkeit – Überwindung der Obdach- und Wohnungslosigkeit in Deutschland bis 2030 (bund.de)

43 https://www.morgenpost.de/wirtschaft/article237714933/Wohnungsnot-Was-Deutschland-von-Finnland-lernen-kann.html

44 https://www.fr.de/wirtschaft/18-milliarden-euro-fuer-sozialen-wohnungsbau-neue-foerderung-sozialwohnungen-klara-geywitz-zr-92800093.html

45 https://www.immobilienmanager.de/das-sind-die-groessten-wohnungseigentuemer-in-deutschland-06032019

46 https://www.auswaertiges-amt.de/de/service/laender/singapur-node/politisches-portraet/225438

47 https://www.tagesschau.de/wirtschaft/weltwirtschaft/immobilienmarkt-singapur-101.html

48 https://www.daserste.de/information/politik-weltgeschehen/weltspiegel/sendung/singapur-wo-die-mittelschicht-im-sozialbau-wohnt-100.html

49 https://www.bhw.de/dam/bhwde/pdf/2024.04.02_Barrierefreie_Umbauten_kommen_kaum_voran.pdf

50 NDR-Beitrag »Graue Wohnungsnot«: Die Angst der Senioren, aus diesem Beitrag stammen auch die nachfolgenden Beispiele, https://www.ndr.de/fernsehen/sendungen/panorama3/meldungen/Graue-Wohnungsnot-Die-Angst-der-Senioren,wohnungsnotsenioren100.html#

51 https://www.demografie-portal.de/DE/Fakten/rentenhoehe.html

52 https://www.dw.com/en/germany-still-top-destination-for-asylum-seekers-in-europe/a-59530275

53 https://www.swr.de/swraktuell/baden-wuerttemberg/stuttgart/was-passiert-mit-dem-eiermann-campus-lea-adler-group-wohnen-gefluechtete-100.htm

54 https://www.baden-wuerttemberg.de/de/service/presse/pressemitteilung/pid/land-unterstuetzt-drei-beispielgebende-wohnprojekte

55 »Nur drei Monate Bauzeit …« in Radolfzell, Südkurier vom 22. 3. 24, https://www.suedkurier.de/region/kreis-konstanz/radolfzell/660-quadratmeter-in-drei-monaten-so-schnell-entsteht-eine-fluechtlingsunterkunft;art372455,11944467#:~:text=Nur%20drei%20Monate%20Bauzeit%3A%20Darum,aber%20100%20Jahre%20halten%20soll.

56 https://www.bundestag.de/presse/hib/kurzmeldungen-994888

57 https://www.boeckler.de/pdf/p_study_hbs_416.pdf

58 https://www.sonntagsblatt.de/artikel/rassismus-deutschland-pflege-studie

59 https://www.auto-motor-und-sport.de/verkehr/staureichste-staedte-in-deutschland-stuttgart-erneut-stauhochburg/

60 https://www.adac.de/news/pendler-arbeit-statistik/

61 https://www.destatis.de/DE/Presse/Pressemitteilungen/2021/09/PD21_N054_13.html

62 https://www.studysmarter.de/schule/geschichte/industrialisierung/zweite-industrielle-revolution/

63 https://www.karrierefuehrer.de/bauingenieure/das-letzte-wort-hat-architekturkritiker-dr-klaus-englert.html

64 https://www.fr.de/meinung/einhundertfuenfzig-mehr-geht-nicht-11029289.html

65 http://bauforschungonline.ch/aufsatz/le-corbusiers-wohnmaschine.html

66 https://www.architektur-online.com/kolumnen/architekturszene/die-gartenstadt-veraltetes-konzept-oder-modell-der-zukunft

67 https://berlinstaiga.de/themen/kultur-architektur/stalinallee-karl-marx-allee/

68 https://www.prosieben.de/serien/galileo/news/earth-overshoot-day2024-bedeutung-erdueberlastungstag-umweltschulden-ressourcen-aufgebraucht-328091#doc-1hf3uqp2013

69 https://www.umweltdialog.de/de/management/wirtschaftsethik/2018/Das-Siebte-Generation-Prinzip-der-Irokesen.php

70 https://de.statista.com/statistik/daten/studie/1411542/umfrage/treibhausgas-emissionen-von-gebaeuden-in-deutschland/

71 Zeitschrift »Immobilienwirtschaft« 2/24 S. 48 ff.

72 Gernot Wagner, Stadt Land Klima, 2021, S. 32

73 bund.net/fileadmin/user_upload_bund/publikationen/nachhaltigkeit/Wohnraum-klimagerecht-gestalten-Flyer.pdf

74 Gernot Wagner, Stadt Land Klima, 2021, S. 111 (sinngemäß)

75 https://mieterbund.de/service/checks-formulare/heizen/heiz-spiegel-2023/

76 http://www.schiestlhaus.at/neubau.html

77 https://www.ubm-development.com/magazin/eisbaerhaus-bankwitz/

78 https://www.architekturblatt.de/im-zeichen-der-nachhaltigkeit-das-eisbaerhaus-in-kirchheim-unter-teck/

79 https://www.dezeen.com/2019/03/01/university-of-singapore-sde4-building-serie-architects-multiply-architects/

80 https://www.n-tv.de/wissen/Die-Deutschen-lieben-ihren-Wald-article22440587.html

81 Wir brauchen eine radikale Bauwende – Klimaforscher Hans Joachim Schellnhuber im Interview – Treffpunkt Kommune (treffpunkt-kommune.de)

82 Informationsdienst Holz spezial August 2008, https://informationsdienst-holz.de/fileadmin/Publikationen/3_Spezial/Spezial_Potenziale_des_nachhaltigen_Baustoffes_2008.pdf

83 https://www.holzbau-deutschland.de/aktuelles/presseinformation/ansicht/detail/holzbau_
entwickelt_sich_trotz_ruecklaeufiger_baugenehmigungen_gut/

84 https://www.bbc.com/future/article/20190114-how-japans-skyscrapers-are-built-to-survive-
earthquakes

85 https://voyapon.com/de/erdbeben-in-japan/

86 https://static.dgnb.de/fileadmin/dgnb-ev/de/aktuell/positionspapiere-stellungnahmen/DGNB-
Positionspapier-Holzbau.pdf

87 https://informationsdienst-holz.de/holzbauten/einzelansicht?tx_stores_pi1%5Baction%5D
=show&tx_stores_pi1%5BlocationUid%5D=44&cHash=89a6a4971d0cfab9fa417e16ba0a41e4

88 https://haeuserblog.de/die-7-hoechsten-holzhaeuser-der-welt/

89 https://taz.de/Wohnungsbau-in-Deutschland/!5998692/

90 https://taz.de/Wohnungsnot-in-Deutschland/!6000241/ (Studie der Arbeitsgemeinschaft für
zeitgemäßes Bauen (Arge))

91 https://www.zeit.de/2023/41/wohnungsgipfel-bundesregierung-wohungsbau-baukosten

92 https://www.manager-magazin.de/finanzen/immobilien/immobilienboom-endet-mieter-
muessen-sich-auf-haertere-zeiten-einstellen-a-11f7cac3-02eb-46ec-a11b-4fd4b1d6ee14

93 https://www.welt.de/finanzen/immobilien/article181700238/Hohe-Immobiliennachfrage-sorgt-
fuer-100-Milliarden-Euro-Steuersegen.html

94 https://www.zeit.de/2023/41/wohnungsgipfel-bundesregierung-wohungsbau-baukosten

95 https://de.statista.com/statistik/daten/studie/249685/umfrage/historische-langfristige-
zinssaetze-in-der-bundesrepublik-deutschland/

96 https://zia-deutschland.de/wp-content/uploads/2023/05/zia_positionen_aktion_wohnen_2023_
Druckversion.pdf

97 https://www.zeit.de/2023/41/wohnungsgipfel-bundesregierung-wohungsbau-baukosten

98 https://www.focus.de/immobilien/bauen/nur-wenige-staaten-haben-eine-loesung-neuseeland-
singapur-japan-was-wir-von-baukrisen-in-anderen-laendern-lernen-koennen_id_233036614.
html

99 Das Gebäudetyp-E-Gesetz – Informationspapier vom Bundesministerium der Justiz (BMJ)
https://www.bmj.de/SharedDocs/Downloads/DE/Gesetzgebung/Dokumente/Infopapier_
Gebaeudetyp-E-Gesetz.pdf?__blob=publicationFile&v=3

100 https://www.ikud-seminare.de/glossar/kulturdimensionen-geert-hofstede.html

101 https://clearlycultural.com/geert-hofstede-cultural-dimensions/individualism/

102 https://www.bmwsb.bund.de/SharedDocs/kurzmeldungen/Webs/BMWSB/DE/2024/06/
einsamkeit.html

103 Juval Harari: Eine kurze Geschichte der Menschheit, 2021

104 https://www.einfachganzleben.de/leben-balance/soziale-kontakte

105 https://www.deutschlandfunkkultur.de/wohnen-im-alter-bremens-bekannteste-greisen-
kommune-100.html

106 https://www.nzz.ch/international/henning-scherf-ueber-seine-senioren-wg-joe-biden-und-
corona-ld.1597704

107 Broschüre »Gemeinschaftliches Wohnen im Cluster« 2019, https://www.netzwerk-
generationen.de/fileadmin/user_upload/PDF/Downloads_brosch%C3%BCren-dokumenta
tionen/2019-12-13_Broschuere_Cluster_web.pdf

108 https://obviousstate.com/blogs/journal/william-shakespeare

109 https://anundo.de/

110 Harald Glöckler – star designer and creative genius • Business Voice Magazin (business-voice-
magazin.com)

Bibliografische Information der Deutschen Nationalbibliothek:
Die Deutsche Nationalbibliothek verzeichnet diese Publikation
in der Deutschen Nationalbibliografie; detaillierte bibliografische
Daten sind im Internet über dnb.dnb.de abrufbar.

2. Auflage 2025

Redaktion: Dorothee Köhler, Peggy Wandel, Jörg Achim Zoll
Illustrationen und Cover: Juliane Gördes
Lektorat: Rahel Dyck
Korrektorat: Janna Block
Satz: Vornehm Mediengestaltung GmbH, München

Verlag: BoD · Books on Demand GmbH,
Überseering 33, 22297 Hamburg, bod@bod.de
Druck: Libri Plureos GmbH,
Friedensallee 273, 22763 Hamburg

ISBN: 978-3-7693-9966-0

Kontaktadresse nach EU-Produktsicherheitsverordnung:
over@die-wohnwende.de